Grundzüge des Ueberspannungsschutzes in Theorie und Praxis

Erweiterte Wiedergabe eines Vortrages, gehalten in der 2. Sitzung der Kommission für Ueberspannungsschutz des Schweizer. Elektrotechnischen Vereins und des Verbands Schweizer. Elektrizitätswerke am 17. Januar 1914 von

Dr.-Ing. **Karl Kuhlmann**

Professor für theoretische Elektrotechnik und Elektro-Maschinenbau
Direktor der elektrotechn. Laboratorien der Eidg. Techn. Hochschule in Zürich

Mit 47 Textfiguren

Springer-Verlag
Berlin Heidelberg GmbH 1914

ISBN 978-3-662-23585-0 ISBN 978-3-662-25664-0 (eBook)
DOI 10.1007/978-3-662-25664-0

Teilweise erschienen in No. 4
des Bulletin des Schweizerischen Elektrotechnischen Vereins.

Vorwort.

Das einst üppig und wild emporschiessende Gebiet der Hochspannungstechnik erscheint uns heute bereits ruhiger und abgeklärter als vor zehn Jahren. Wir verdanken diesen für die Elektrotechnik so wichtigen Fortschritt lediglich dem Umstande, dass wir uns heute gewöhnt haben, bei unseren Konstruktionen uns selbst Zügel anzulegen, und auch den hohen Wert der theoretisch physikalischen Bildung ebenso schätzen gelernt haben, wie den offensichtlicheren Nutzen guter Werkstatteinrichtungen. Was uns heute aber noch immer von Zeit zu Zeit aus der Ruhe aufschreckt, uns wie ein kalter Wasserstrahl aus den Tiefen der noch nicht ganz verstandenen und erforschten Natur der elektromagnetischen Vorgänge in unseren Anlagen vorkommt, das sind die Ueberspannungen. Der eine möchte sie in einen gewaltigen Zwinger einschliessen, aus dem sie nicht heraus können, der andere das vielköpfige Ungeheuer, wo es erscheint, erschlagen. Jenem stellt sich der Preis des Zwingers, diesem der Umstand in den Weg, dass Gewaltmittel die Ueberspannungserscheinungen häufig nur noch vielköpfiger machen.

In der Tat gibt es in der Elektrotechnik kaum ein zweites Gebiet, wo man sich — welche Massnahmen man auch ergreifen mag — so leicht in einem Dilemna befindet. Was an einer Stelle gut ist, taugt nicht an einer andern, was hier versagt, hilft dort. Wie es also anfangen, wenn man allen Bedingungen gerecht werden will? So gut, wie es noch keinen Menschen gab, der es allen recht machen konnte, so gibt es auch heute noch keinen Ueberspannungsschutz, der seinen Namen in jedem Falle verdient. — Aber gerade diese Schwierigkeiten zwingen uns, den Charakter der elektromagnetischen Vorgänge zu studieren, ihre Kompliziertheit zu erfassen. Dieses ist umso notwendiger, je mehr wir mit den Uebertragungsspannungen voranschreiten.

Dem Ingenieur diese gewiss nicht einfache Aufgabe zu erleichtern, ist der Zweck dieser Abhandlung. Langjährige eigene Arbeit auf diesem Gebiete haben mir schon vor Jahren die Schwierigkeiten, hier Wandel zu schaffen, gezeigt. Es sollte mich freuen, wenn meine Arbeit anerkannt wird und Freunde findet.

Der Verlagsbuchhandlung von Julius Springer, Berlin, und dem Fachschriften-Verlag in Zürich danke ich für ihr liebenswürdiges Entgegenkommen. Meinen derzeitigen Assistenten, Herren Dipl.-Ing. Jenne und Klaus, spreche ich für die Durchsicht der Korrekturen und Aufnahme der Oszillogramme meinen wärmsten Dank aus.

ZÜRICH, Juli 1914.

Karl Kuhlmann.

Inhaltsverzeichnis.

Grundzüge
des
Ueberspannungsschutzes in Theorie und Praxis.

1. Allgemein gültige energetische Beziehungen bei den Ueberspannungs-erscheinungen.

Jedem stationären Betriebszustande unserer Netze entspricht an der Stelle x des Netzes zur Zeit t eine ganz bestimmte Verteilung der elektromagnetischen Energie u_x und jede Aenderung eines stationären Zustandes in einen andern hat, wenn auch nicht immer dauernd, so doch wenigstens eine vorübergehend andere Verteilung der örtlichen Energieverhältnisse zur Folge. Unter der elektromagnetischen Energie an der Stelle x von der Länge Δx, verstehen wir dabei die gewöhnliche algebraische Summe aus der magnetischen Energie $\frac{1}{2} i_x^2 L_x$ und aus der elektrischen Energie $\frac{1}{2} e_x^2 C_x$ an der Stelle x, so dass die gesamte elektromagnetische Energie des Netzes $u = \Sigma u_x = \Sigma \left(\frac{i_x^2 L_x}{2} + \frac{e_x^2 C_x}{2} \right)$ (Joule) ist. Hierin sind i_x, L_x, e_x, C_x die bekannten Werte des Stromes (Ampère) der Induktivität (Henry) der Spannung (Volt) und der Kapazität (Farad) an der Stelle x und $L_x = L \Delta x$, $C_x = C \Delta x$, wo L und C sich auf die Längeneinheit beziehen.

Die Summe muss man sich erstreckt denken über alle Teile des Netzes, wo magnetische und elektrische Felder bestehen, also Ströme i_x und Spannungen e_x herrschen. Der Sitz der magnetischen Energie ist ja, wie bekannt, das die stromdurchflossenen Leiter umgebende magnetische Kraftfeld, der Sitz der elektrischen Energie, das von dem betrachteten Leiter nach den ihn umgebenden Leitern (auch Erde) oder von diesen auf den betrachteten Leiter ausgestrahlte elektrische Feld. Abgesehen von dem kleinen Bruchteil, welcher von diesen Feldern auf das Innere der Leiter entfällt, haben also beide Energien ihren Hauptsitz in dem die Leiter umgebenden Raum, d. i. der Isolation der Leitungen.

Diese elektromagnetische Energie ist dabei eine Energiequelle, die für die Erzeugung von neuen Strömen und Spannungen im Netze ebenso in Frage kommt, wie die eigentlichen Stromerzeuger (Batterien und Dynamos). Ja sie ist sogar, wie wir später noch sehen werden, weit schneller disponibel, schlagfertiger als die der Dynamos. Sie kommt daher für die Vorgänge, welche zwischen zwei verschiedenen Betriebszuständen des Netzes liegen, für die sog. elektro-magnetischen Ausgleichvorgänge fast ausschliesslich in Frage.

Die elektrischen Netze werden nun so betrieben, dass jener Ausdruck u_x für einen und denselben Betriebszustand entweder eine zeitlich konstante Grösse ist, oder zeitlich schwankt. Im ersteren Falle haben wir es mit Gleichstrom, im letzteren mit Wechselstrom zu tun. In Wechselstromnetzen ändert sich die Verteilung der elektromagnetischen Energie, die Energiedichte, also von Augenblick zu Augenblick. Sie schwankt dabei um einen mittleren Wert herum, den wir den im Mittel stationären Wert nennen. Das Tempo dieser Schwankungen wird ihnen durch die Wechselstromgeneratoren vorgeschrieben und zwar vornehmlich durch deren Tourenzahl und Bauweise. Wir nennen diese erzwungenen Schwankungen daher auch erzwungene Schwingungen und unterscheiden sie damit von jenen Schwingungen, deren Energiequelle die obige elektromagnetische Energie ist. Das Tempo der beim „frei werden" der elektromagnetischen Energie des Netzes entstehenden Schwingungen hat nichts mit der Rotationsgeschwindigkeit der Dynamos zu tun, sondern ist nur abhängig von den Eigentümlichkeiten der Bahn, in der sie sich ausbreiten. Diese Schwingungen heissen daher „freie Schwingungen" oder auch „Eigenschwingungen".

Ueberspannungen treten nun meist auf, wenn sich die elektromagnetische Energiedichte örtlich und zeitlich ändert. Sie treten also im *stationären* Zustande unserer Netzbelastung nicht auf bei Gleichstrom, können aber auftreten bei Wechselstrom. Wir sprechen dann von Resonanz zwischen den erzwungenen Energieschwingungen und den Eigenschwingungen, welche zwischen der magnetischen Energie und der elektrischen Energie des Netzes möglich sind, wenn diese sich ungehindert, „frei" bewegen können. Natürlich suchen wir unsere Netze so zu disponieren und zu betreiben, dass im stationären Zustande keine Ueberspannungen bestehen, damit ihre ständige Anwesenheit die Isolation der Anlage nicht gefährdet.

Ueberspannungen sind daher fast ausschliesslich eine Begleiterscheinung jener schnell veränderlichen Vorgänge, welche beim Uebergange von einer Belastung auf eine andere, von einer Netzgruppierung auf die andere in Gleichstrom- und in Wechselstromnetzen physikalisch notwendig sind. Wir nennen sie *Ueberspannungen inneren Ursprunges* und unterscheiden von ihnen die *Ueberspannungen äusseren Ursprunges*, welche durch elektromagnetische Ausgleichsvorgänge in der Atmosphäre (Gewitter, Sonnenauf- und Sonnenuntergang, also beim Entstehen und Verschwinden der elektromagnetischen Lichtenergie) bedingt sind.

Ist u_a die elektromagnetische Energie an einer Stelle des Netzes und in einem stationären Zustande, u_1 die Energie an der gleichen Stelle in einem anderen stationären Zustande, so ist die Energie $u_a - u_1$ der Stelle *a* frei geworden. Sie mag bald darauf an der Stelle *b* in irgend einer Form als rein elektrische oder rein magnetische oder als elektromagnetische Energie sitzen. Immer besteht die einfache Beziehung: $u_a - u_1 = u_b$. Für uns hat der Fall hier besonderes Interesse, wo u_b ganz im elektrischen Felde der Stelle *b* aufgespeichert ist, da eine zu grosse elektrische Feldenergie die Isolation zertrümmern kann, während eine zu grosse magnetische Energie eine rein mechanische Beanspruchung der Leitungen zur Folge hat. Die Kapazität sei C_b, die Spannung e_b an der Stelle *b*, ferner seien i_a, e_a, L_a, C_a die bekannten Werte an der Stelle *a*. Dann sind folgende Fälle denkbar, wenn Verluste bei der Aenderung der Energieverteilung nicht auftreten sollen.

Fall a) Alle Energie sitzt bei *b* als elektrische Energie, so dass also, wenn in *a* die Energie $u_a - u_1 = i_a^2 \frac{L_a}{2} + e_a^2 \frac{C_a}{2}$ frei wird, die Beziehung gilt:

$$u_b = e_b^2 \frac{C_b}{2} = e_a^2 \cdot \frac{C_a}{2} + i_a^2 \frac{L_a}{2}.$$

Somit wird:

$$e_b = e_a \sqrt{\frac{C_a}{C_b}} \cdot \sqrt{1 + \left(\frac{i_a}{e_a}\right)^2 \frac{L_a}{C_a}} - K \cdot e_a \cdot \sqrt{\frac{C_a}{C_b}}, \text{ wo } K = \sqrt{1 + \frac{\frac{i_a^2 L_a}{2}}{\frac{e_a^2 C_a}{2}}}.$$

Hieraus ergibt sich zunächst folgendes, ganz allgemein gültige Gesetz:

Die an einer beliebigen Stelle *b* höchstmögliche, durch frei werdende elektromagnetische Energie auftretende Spannung e_b ist um so kleiner, je grösser die Kapazität C_b ist, in der wir die Energie auffangen, ferner je kleiner die frei werdende magnetische Energie im Verhältnis zur frei werdenden elektrischen Energie ist.

In diesem Satze liegt bereits eins der bedeutendsten Prinzipien des rationellen Ueberspannungsschutzes ausgesprochen, d. h.: dahinstreben, dass die frei werdende Energie in grossen Kapazitäten aufgespeichert wird, ein Verfahren, das trotz seiner leichten Beweisbarkeit und trotz jahrelangen Kampfes nicht allgemein anerkannt wurde, eben weil man die wahren Vorgänge bei der Ladung und Entladung von Kapazitäten nicht kannte. Wir kommen hierauf weiter hinten noch zurück. Vorerst wollen wir uns noch dem Faktor K zuwenden.

Der Faktor K ist eine Funktion der Netzart und Spannung. In Niederspannungsnetzen, wo wir mit grossen Strömen und kleinen Spannungen arbeiten, haben wir immer relativ mehr magnetische Energie als elektrische Energie disponibel. Bei gleicher Grösse der Netze (einschliesslich Zentral- und Konsumentenstationen) wird in einem Niederspannungsnetze im Mittel mehr Ueberspannungsgefahr bestehen, als in einem Hochspannungsnetze gleicher Leistung. Also verlangen Niederspannungsnetze eine viel reichlicher bemessene Isolation, einen höheren Sicherheitsfaktor als Hochspannungsnetze. Bei diesen aber spielt als beeinträchtigender Faktor hinein lediglich der Umstand, dass die Innehaltung eines Sicherheitsfaktors der Isolation von der Höhe wie in den Niederspannungsnetzen wegen der Abnahme der elektrischen Festigkeit der Isolationsmaterialien mit der Dicke aus pekuniären Gründen nicht denkbar ist. Daher laborieren wir tatsächlich mehr mit Ueberspannungsschäden in Hochspannungsnetzen als in Niederspannungsnetzen. Jedenfalls aber zeigt uns der Faktor

$$K = \sqrt{1 + \frac{\frac{i_a^2 L_a}{2}}{\frac{e_a^2 C_a}{2}}},$$

dass nicht die Kapazitäten, sondern die Induktivitäten die verkappten Feinde unserer Netze sind. Jede andere Deutung steht im schroffen Gegensatze zu den Induktionsgesetzen.

Fall b) Es sei $u_a - u_1 = i_a^2 \frac{L_a}{2}$, es verschwinde bei a also nur magnetische Energie.

Dann ist:

$$e_b^2 \frac{C_b}{2} = i_a^2 \frac{L_a}{2} \text{ oder } e_b = i_a \sqrt{\frac{L_a}{C_b}}.$$

Ist $C_b = C_a$, d. h. setzt sich die Stromenergie unmittelbar an der Stelle, wo sie verschwindet, ganz in elektrische Energie um, so ist $e_b = e_a$ und

$$e_a = i_a \sqrt{\frac{L_a}{C_a}}.$$

Diese Beziehung spielt eine grosse Rolle bei der Entstehung elektrischer Wander-Wellen, welche in einer fortwährenden Umsetzung elektrischer Energie in magnetische und magnetischer in elektrische bestehen.

Fall c) Von besonderem Interesse ist noch der Fall, dass $e_b = 2\, e_a$ und $i_a = e_a \sqrt{\frac{C_a}{L_a}}$ ist.

Wie gross muss dann C_b sein?

Es ist dann

$$e_b^2 \frac{C_b}{2} = i_a^2 \frac{L_a}{2} + e_a^2 \frac{C_a}{2} = 4\, \frac{e_a^2 C_b}{2} \quad \text{also}$$

$$C_b = \frac{i_a{}^2 L_a + e_a{}^2 C_a}{4\, e_a^2} = \frac{2\, e_a^2\, C_a}{4\, e_a} = \frac{C_a}{2}.$$

Findet sich also z. B. eine elektromagnetische Energie gänzlich wieder in einem elektrischen Felde eines Leitungsstückes x_b, aber unter der doppelten Spannung, und war vorher die magnetische Energie gleich der elektrischen Feldenergie, so ist — bei gleicher Kapazität C der Leitung pro Längeneinheit an beiden Stellen a und b — im zweiten Falle die Ladung nur auf die halbe Ausdehnung konzentriert, $x_b = \frac{1}{2}\, x_a$ *(siehe Abb. 1.)*

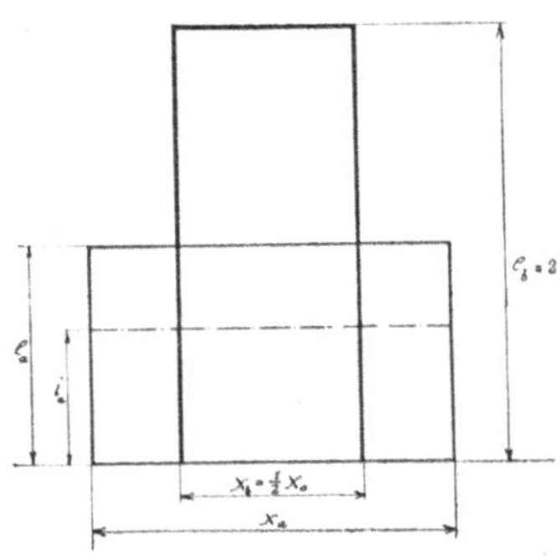

Abb. 1.

Wir wollen in diesem Zusammenhange noch hinweisen auf die bei elektromagnetischen Ausgleichs-Vorgängen auftretenden Uebergangsströme, setzen also voraus, dass sich elektrische Feldenergie in magnetische umsetzt. Dann wird:

im Falle a)

$$i_b^2 \frac{L_b}{2} = e_a^2 \frac{C_a}{2} + i_a^2 \frac{L_a}{2}$$

$$i_b = i_a \sqrt{\frac{L_a}{L_b}} \sqrt{1 + \frac{e_a^2 C_a}{i_a^2 L_a}}$$

es ist also i_b um so grösser, je mehr $e_a^2 C_a$ gegen $i_a^2 L_a$ überwiegt und somit ist in Hochspannungsnetzen im allgemeinen die Ueberstromgefahr eine grössere als in Niederspannungsnetzen.

Hochspannungsnetze sollten daher in allererster Linie einen vorzüglichen Ueberstromschutz haben, denn in ihnen treten infolge elektromagnetischer Ausgleichvorgänge meist weit grössere mechanische Kräfte auf die stromführenden Leiter auf, als in Niederspannungsnetzen.

Fall b) $L_b = L_a$, $i_a = 0$. Dann ist $i_b = e_a \sqrt{\frac{C_a}{L_a}}$

oder der Ausgleichstrom ist um so grösser, je kleiner L_a und je grösser C_a ist.

Fall c) $i_b = 2\, i_a$. Dann wird $L_b = \frac{L_a}{2}$, wenn wieder $i_a^2 \frac{L_a}{2} = e_a^2 \frac{C_a}{2}$ ist.

$L_b = x_b \,.\, L$ und $L_a = x_a \cdot L$. In diesem Falle, wo der Strom i_b auf den doppelten des ursprünglichen steigt, ist das von ihm erzeugte Magnetfeld auch nur auf die halbe Länge $\left(x_b = \frac{1}{2}\, x_a\right)$ der Leitung mit der Selbstinduktivität L pro Längeneinheit konzentriert.

2. Die für den Ueberspannungsschutz wesentlichen Eigenschaften „physikalisch reiner" Widerstände, Induktivitäten und Kapazitäten.

Die eben besprochenen einfachen energetischen Zusammenhänge lassen bereits die ausschlaggebende Bedeutung der Grössen L und C erkennen und geben im Verein mit der Kenntnis der Eigenschaften eines „physikalisch reinen" induktionsfreien Widerstandes, einer physikalisch reinen Induktivität und einer physikalisch reinen Kapazität bei konsequenter Anwendung über alle elektromagnetischen Ausgleichsvorgänge richtigen Aufschluss. Da die Kenntnis der wesentlichen Eigenschaften unter den Technikern gar nicht so allgemein verbreitet ist, wie man anzunehmen geneigt ist, so komme ich zunächst hierauf in allerdings z. T. summarischer Weise zurück.*)

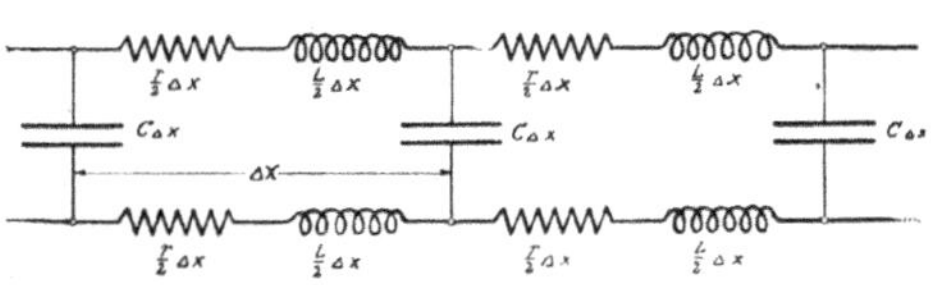

Abb. 2.

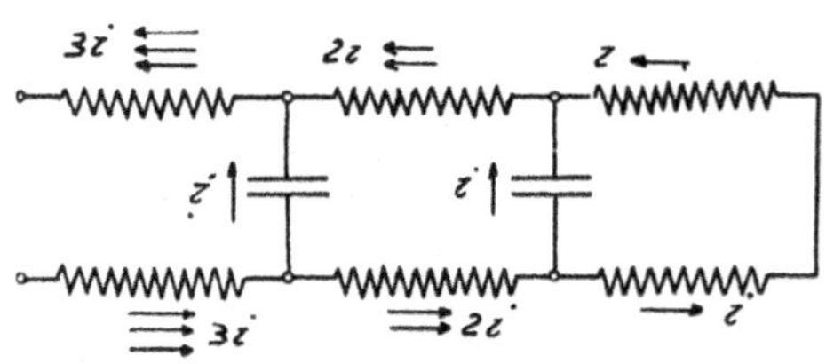

Abb. 3.

Da überall dort, wo Strom fliesst, neben der elektromagnetischen Energie auch eine als Verlust anzusehende Joule'sche Energie, bedingt durch den Widerstand der Leiter eintritt, so setzt sich in Wirklichkeit *jedes* Stück einer elektrischen Strombahn zusammen aus einer unendlichen Summe von Widerständen r, von Induktivitäten L und Kapazitäten C. Das Gesamtbild einer elektrischen Strombahn ist also das der *Abb. 2*, welches weiter nichts ist als eine sinngemässe Zusammenreihung von Einzelbildern, durch die wir die bildliche Darstellung „physikalisch reiner" Widerstände, Induktivitäten und Kapazitäten vornehmen.

---

*) Ausführlicheres siehe Bedell und Crehore, „Theorie der Wechselströme", Berlin-München 1905. Verlag Jul. Springer und R. Oldenbourg. — Zenneck, „Elektromagnetische Schwingungen", Stuttgart 1905. Verlag F. Enke. — Fränkel, „Theorie der Wechselströme", Berlin, 1914. Jul. Springer. — Kuhlmann, E. T. Z. 1908, Heft 46—48, „Gesichtspunkte hinsichtlich Schutz gegen Ueberspannungen".

„Physikalisch rein" heisst dabei, dass eben in dem betreffenden Einzelteil nur und auch nur Widerstand oder Induktivität oder Kapazität als allein vorhanden angenommen ist.

a) Als praktisch *induktionsfreie und kapazitätsfreie Widerstände* werden für den Ueberspannungsschutz gebaut und verwendet sogenannte

α) Karborundum-Stabwiderstände;

β) Wasserwiderstände in Tonröhren;

γ) Bifilare Drahtwiderstände im Oelbad, Oelwiderstände.

Klasse α) und β) weisen relativ wenig Kapazität, dagegen etwas mehr Induktivität auf als Klasse γ). Bei diesen braucht daher bei plötzlichen Spannungsstössen der Strom in allen Querschnitten nicht notwendig derselbe zu sein. *Abb. 3* deutet dieses durch die Zahl der Pfeile in erster Annäherung an. Lokale Ueber-Erhitzungen sind daher wohl denkbar, doch durch die grosse Wärmekapazität des Oeles praktisch kaum möglich. Karborundum- und Wasserwiderstände verlieren bei Erhitzung nicht unbedeutend an Widerstand. Die Karborundumwiderstände werden am besten in fortlaufender, gerader Reihe montiert, um möglichst überall denselben Induktivitätswert aufzuweisen. Das Verhalten der physikalisch reinen oder idealen Widerstände ist durch die bekannten einfachen Gesetze von Ohm, Joule und durch die Beziehung zwischen Verlust und Uebertemperatur vollkommen erklärt. Das Richtigste wären für den Ueberspannungsschutz sogenannte induktions- und kapazitätsfreie Widerstände, wie sie die Messtechnik bereits verwendet; doch steht dem wohl meist die Preisfrage hindernd im Wege.

b) Kapazitäten.

Fall α). Vorgang bei der Ladung einer Kapazität C_1 mit konstanter Spannung E_0 über einen vorgeschalteten Widerstand r. Schaltung Abb. 4 und 5.

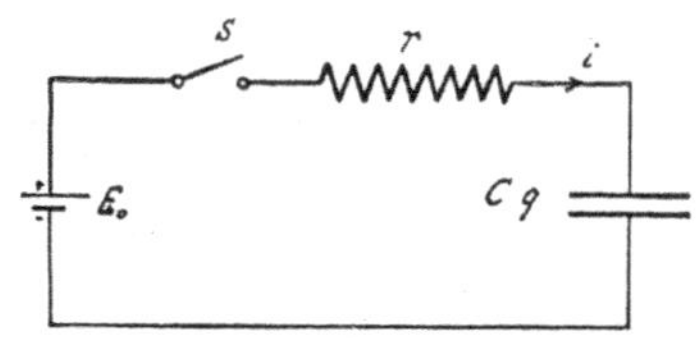

Abb. 4.

Ladungsvorgang:

Aus $E_0 = ir + \frac{q}{C_1}$, wo q die Ladung zur Zeit t und i der Strom zur Zeit t ist, folgt:

$$\text{I)}\quad q = Q_0\left(1 - \varepsilon^{-\frac{t}{rC_1}}\right) = Q_0 - Q_0 \cdot \varepsilon^{-\frac{t}{rC_1}} = Q_0 + q';$$

$$\text{II)}\quad i = \frac{E_0}{r}\,\varepsilon^{-\frac{t}{rC_1}}.$$

Entladungsvorgang:

$$\text{I')}\quad q = Q_0\,\varepsilon^{-\frac{t}{rC_1}};$$

$$\text{II')}\quad i = -\frac{E_0}{r}\,\varepsilon^{-\frac{t}{rC_1}}.$$

Dabei ist $Q_0 = E_0\,C_1$ die am Ende des Vorganges im Kondensator aufgespeicherte Ladung, q' die sogenannte zeitlich abklingende Gegenladung, welche zusammen mit Q_0 die augenblickliche wahre Ladung q ergibt. Aus *I)* und *II)* ergeben sich folgende wichtigen Sätze:

1) Die Ladung eines Kondensators erfolgt um so schneller, je kleiner der Vorschaltwiderstand (r) und die Kapazität (C_1) sind. Für $r = 0$ erfolgt sie augenblicklich.

2) Der Kondensator wirkt im ersten Augenblicke ($t = 0$) wie ein Kurzschluss; der erste Stromstoss erfolgt so als wäre gar keine Kapazität vorhanden; er ist $\left(\frac{E_0}{r}\right)$ und um so grösser, je kleiner r ist, hängt also nur vom Widerstande des Kondensatorkreises ab.

3) Die im Vorschaltwiderstande verlorene Energie während des ganzen Ladevorganges ist:

$$A = \int\limits_{t=0}^{t=\infty} i^2 r dt = \int\limits_0^\infty \left(\frac{E_0}{r}\right)^2 \cdot r \cdot \varepsilon^{-\frac{2}{rC_1} \cdot t} \cdot dt = \frac{E_0^2 C_1}{2} = \frac{E_0 Q_0}{2} \text{ *)}$$

also ganz unabhängig vom Widerstande r und nur abhängig von der Kapazität. Je grösser diese, desto mehr Energieverlust erfordert die Ladung. Die verlorene Energie ist numerisch

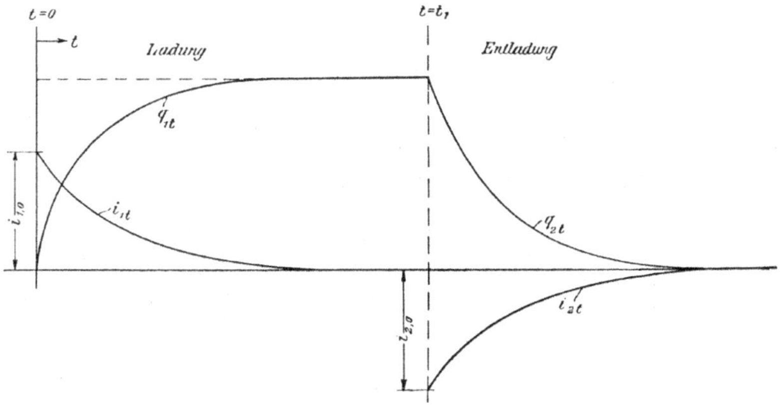

Abb. 5.

Ladung und Entladung eines Kondensators bei Gleichstrom über einen induktionsfreien Widerstand.

gleich *der* Energie, welche am Ende der Ladung als elektrische Feldenergie im Kondensator aufgespeichert ist; es gehen also 50 % der gesamten zugeführten Energie im Widerstande r verloren.

4) Der Vorteil eines kleinen Widerstandes des Kondensatorkreises beruht in der kurzen Zeit, in welcher Energie im Widerstande des Kondensatorkreises vernichtet wird.

5) Sind die Belegungen eines Kondensators durch einen Widerstand (Isolationswiderstand) direkt miteinander verbunden, so entlädt sich der Kondensator bis zur Erschöpfung $q_{2t} = 0$ (Abb. 5); für den Ueberspannungsschutz ist ein solcher Widerstand immer von Vorteil. Man muss natürlich für entsprechende Wärmekapazität des Kondensators sorgen (Wassermäntel), damit nicht durch zu hohe Erwärmung die Durchschlagfestigkeit des Dielektrikums leidet.

Fall β). Der geladene Kondensator werde auf einen zweiten mit der Kapazität C_2 entladen. Ableitung G sei *nicht* vorhanden, also ideale Isolation vorausgesetzt. (Abb. 6 und 7.) Da E_0 jetzt veränderlich wird, ersetzen wir es durch e_1.

Es gilt $\quad e_1 = ir + e_2,$

$$-dq_1 = + dq_2,$$

$$-\int\limits_{Q_0}^{q_1} dq_1 = \int\limits_0^{q_2} dq_2 \qquad Q_0 - q_1 = q_2,$$

$$\frac{q_1}{C_1} = r \cdot \frac{dq_2}{dt} + \frac{q_2}{C_2} = \frac{Q_0}{C_1} - \frac{q_2}{C_1}. \quad \text{Daraus:} \ \frac{dq_2}{dt} + \frac{q_2}{r \cdot \frac{C_1 C_2}{C_1 + C_2}} = \frac{Q_0}{rC_1}.$$

Wird $C = \frac{C_1 C_2}{C_1 + C_2}$ gesetzt, so wird: $q_2 = K\varepsilon^{\lambda t} + \frac{Q_0 C}{C_1}$, wobei sich λ bestimmt aus

$\lambda + \frac{1}{rC} = 0$, also $\lambda = -\frac{1}{rC}$ ist.

---

*) Hierauf wurde von mir bereits E. T. Z. 1908, Heft 46, hingewiesen.

Für $t = 0$ wird $q_2 = 0$, also $K = -Q_0 \frac{C}{C_1}$ und allgemein (Abb. 7):

$$q_2 = Q_0 \frac{C}{C_1} - Q_0 \cdot \frac{C}{C_1} \varepsilon^{-\frac{t}{rC}} = Q_2 + q_2';$$

$$q_1 = Q_0 \frac{C_1 - C}{C_1} - q_2';$$

$$Q_1 = Q_0 \frac{C}{C_2};$$

$$i = \frac{dq_2}{dt} = Q_0 \cdot \frac{1}{C_1 r} \varepsilon^{-\frac{t}{rC}} = \left(\frac{E_0}{r}\right) \varepsilon^{-\frac{1}{rC}}.$$

Die im Dämpfungsexponenten auftretende Kapazität ist also die aus der Reihenschaltung von C_1 und C_2 resultierende Kapazität. Da diese stets kleiner ist als eine der beiden C_1 oder C_2, so ist die Dämpfung jetzt grösser als im Falle α). Auch jetzt wirkt C_2 im ersten Momente wie ein Kurzschluss, entzieht also C_1 um so schneller Ladung, je kleiner r ist.

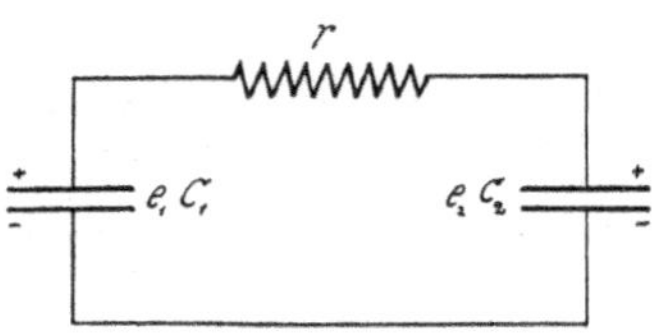

Abb. 6.

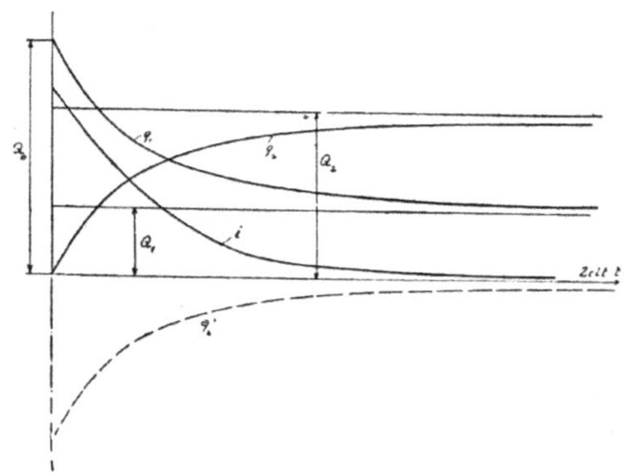

Abb. 7.

Auch bei dieser Entladung geht eine gewisse Energie A' im Widerstande r (Leitungswiderstand) verloren, welche von r unabhängig ist.

$$A' = \int_0^\infty i^2 r \, dt = \left(\frac{E_0}{r}\right)^2 r \int_0^\infty \varepsilon^{-\frac{2t}{rC}} dt = \frac{E_0^2 \cdot C}{2}.$$

Am Ende des Vorganges ist in beiden Kondensatoren zusammen die elektrische Feldenergie vorhanden:

$$A'' = \frac{Q_1^2}{2C_1} + \frac{Q_2^2}{2C_2} = \frac{Q_0^2 C^2}{2}\left(\frac{1}{C_1 C_2^2} + \frac{1}{C_2 C_1^2}\right)$$

$$= \frac{Q_0^2}{2} \frac{C_1^2 C_2^2}{(C_1 + C_2)^2} \cdot \left(\frac{C_1 + C_2}{C_1^2 C_2^2}\right) = \frac{Q_0^2}{2(C_1 + C_2)} = \frac{E_0^2}{2}\left(\frac{C_1 C_2}{C_1 + C_2}\right) \cdot \frac{C_1}{C_2} = \frac{C_1}{C_2}\left(\frac{E_0^2 C}{2}\right)$$

$$A'' = \frac{C_1}{C_2} A'$$

$$A' = \frac{C_2}{C_1} \cdot A''.$$

Also ist die verloren gegangene Energie A' um so grösser, je kleiner die Kapazität des sich entladenden Kondensators ist, im Verhältnis zu demjenigen, welcher geladen wird. Das Charakteristische dieser Entladung eines idealen Kondensators C_1 auf einen zweiten C_2 ist, dass trotz Anwesenheit von Leitungsverlusten keine Ladung verloren gegangen ist.

Denn es ist $Q_1 + Q_2 = Q_0 C\left(\frac{1}{C_2} + \frac{1}{C_1}\right) = \boldsymbol{Q_0}$, was bereits im Ansatze $-dq_1 = dq_2$ auch ausgesprochen war.

Hieraus ergibt sich der wichtige Satz: Ist *kein* Isolationsverlust (Ableitung) vorhanden, so ist auch die Ladung eines Kondensators unzerstörbar trotz Auftretens von Stromwärme im Entladungskreise. Die Ladung ist nur auf einen grösseren Raum $(C_1 + C_2)$ verteilt.

Der Widerstand r, den wir im Entladungskreise angenommen hatten, ist in Schutzschaltungen mindestens durch den Widerstand der Zuleitungen und der Erdung repräsentiert, wenn wir nicht einen besonderen Widerstand vorgeschaltet haben. Je kleiner sein Betrag, umso wirksamer ist vielfach der Schutz, welchen man mit dem Kondensator erreicht. Man erkennt dies noch deutlicher aus folgendem Schema. (Abb. 8.)

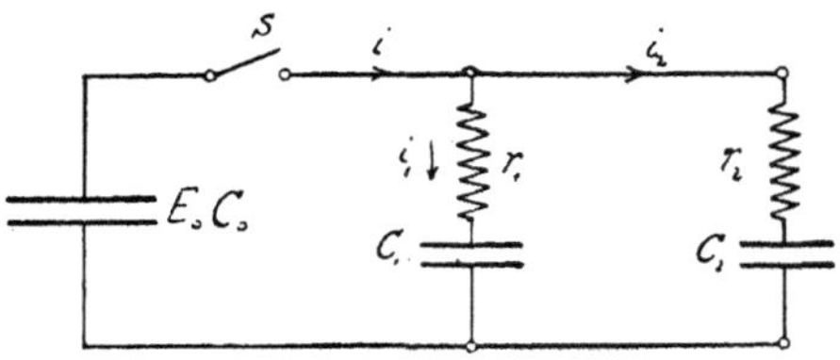

Abb. 8.

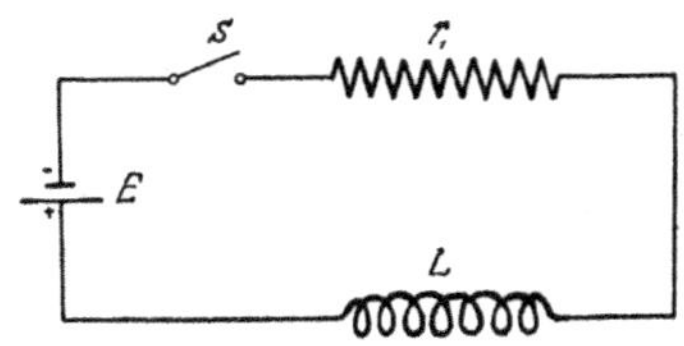

Abb. 9.

C_0 sei die sich entladende Kapazität, C_1 ein Schutzkondensator, C_2 die Kapazität einer zu schützenden Isolation (Kabel), L sei vernachlässigt. Dann ist im Beginne der Entladung $i = i_1 + i_2$ und $i_1 r_1 = i_2 r_2$ also $i_1 = i_2\left(\frac{r_2}{r_1}\right)$ und die Leistung, die der Kondensator C_1 aufnimmt $i_1^2 r_1 = i_2^2 \cdot r_2 \left(\frac{r_2}{r_1}\right)$ also $\left(\frac{r_2}{r_1}\right)$ mal grösser als die, welche der Dynamoisolation zuströmt. Kurze Zuleitung und vorzügliche Erdung sind für die Wirksamkeit von Schutzkondensatoren in vielen Fällen die Hauptsache.

Ueber *die Bauart der Kondensatoren für Blitzschutz* ist zu sagen, dass ihre Kapazität so „konzentriert" wie nur möglich sein soll. Man sollte Dielektrika mit hoher Dielektrizitätskonstanten verwenden.

c) *Drosselspulen.*

α) Charakteristische Eigenschaften von Drosselspulen. (Abb. 9 und 10.) Schaltet man eine Drosselspule in den Kreis einer Konstanten EMK E ein, so ist

$$E = i_1 \cdot r_1 + L \frac{di_1}{dt}$$

Da für $t = 0$, $i_1 = 0$ ist, so herrscht im Einschaltmomente die ganze Spannung an der Induktivität L, sie wirft diese gewissermassen wieder zurück. In weiterem Verlaufe steigt i_1 nach der Beziehung

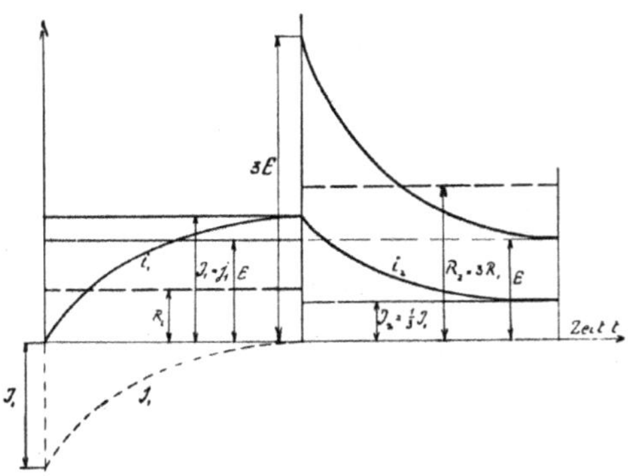

Abb. 10*).

Verlauf des Stromes und der Spannung beim Regulieren des Stromes in einer Drosselspule (Gleichstrom).

$$i_1 = \frac{E}{r_1} - \frac{E}{r_1} \varepsilon^{-\frac{r_1}{L} t} = J_1 \left(1 - \varepsilon^{-\frac{r_1}{L} t}\right) = j_1 + j_1'$$

worin J_1 der am Ende des Vorganges fliessende, stationäre Strom ist, wie er durch das

*) In Abb. 10 muss es r_1 statt R_1 und r_2 statt R_2 heissen.

Ohm'sche Gesetz gegeben ist; j_1' ist der abklingende Ausgleichsstrom. Der Stromanstieg im Einschaltmomente ist

$$\left(\frac{di_1}{dt}\right)_{t=0} = \frac{E}{L}$$

also bei konstantem L nur abhängig von der aufgedrückten Spannung; je höher diese ist, desto schneller steigt i_1 im Einschaltmomente an. Der Joule'sche Verlust in der Zeit dt ist.

$$i_1^2 r_1 \, dt = (J_1^2 + 2 J_1 j_1' + j_1'^2) r_1 \, dt.$$

Hiervon ist der letzte Posten, welcher ausschliesslich dem freien Strome j_1' zuzuschreiben ist,

$$\int_0^\infty i_1'^2 r_1 \, dt = J_1^2 \frac{L}{2 r_1} \cdot r_1 = \frac{J_1^2 L}{2}$$

also gleich der am Ende des Ausgleichsvorganges im Magnetfelde der Spule aufgespeicherten Energie und ebenfalls unabhängig vom Widerstande r_1 der Spule.

In dem obigen Ansatze $E = i_1 r_1 + L \frac{di_1}{dt}$ liegt die stillschweigende Voraussetzung, dass der Strom i_1 sofort nach dem Einschalten alle Windungen gleichzeitig durchströmt. Dies kommt also entweder auf die Voraussetzung hinaus, dass die Fortpflanzungsgeschwindigkeit des Stromes unendlich gross sei, oder dass bei endlicher Geschwindigkeit die Spule unendlich kurz sei. Tatsächlich braucht diese Voraussetzung nicht immer erfüllt sein, z. B. nicht bei langen Spulen. In vorliegendem Falle nehmen wir also an, dass sofort nach dem Einschalten die gegenseitige Induktion von Windung auf Windung voll einsetzt.

β) *Regulieren in induktiven Kreisen* (Abb. 10).

Wird der Widerstand r_1 urplötzlich in $r_2 > r_1$, also der Strom von J_1 in $J_2 < J_1$ geändert, so muss magnetische Energie frei werden. Dies tut sie, indem sie sich in elektrische Feldenergie umsetzt, also in Ladung. Die von dem verschwindenden Magnetfelde erzeugte Spannung sucht den ursprünglichen Strom J_1 aufrechtzuerhalten, so dass also im Stromkreise ausser der Batteriespannung E noch die vom Magnetfelde erzeugte besteht. Die Gesamtspannung ist

$$e_2 = E + E\left(\frac{r_2 - r_1}{r_1}\right) \varepsilon^{-\frac{r_2}{L}(t-t_1)}$$

wenn die Regulierung zur Zeit $t = t_1$ einsetzt. Für plötzliche Stromunterbrechung $r_2 = \infty$ bei $t = t_1$ wird: $e_2 = \infty$. Tatsächlich tritt sie nicht auf, sondern die Kapazität der Windungen der Spule gegen Erde und gegen einander erzeugt Ladeströme durch die Isolierungen der Spulenwindungen hindurch, welche noch bestehen, wenn der mechanische Stromunterbruch schon längst erfolgt ist. Der entstehende Spannungsabfall im Spulenwiderstande drückt die auf die Isolation wirkende Spannung herunter. Hieraus sieht man deutlich den günstigen Einfluss der Kapazität.

Arnold und Lacour berücksichtigen*) den Umstand, dass bei der Regulierung bezw. Unterbrechung des Stromes ein Lichtbogen auftritt, dessen Widerstand sich zu r_1 addiert, durch den zwar willkürlichen, aber den Sachverhalt immerhin kennzeichnenden Ansatz:

$$r_{2t} \frac{r_1 T_a}{T_a - t} = r_1 + \frac{r_1 t}{T_a - t}$$

hierin ist t die laufende Zeit und T_a die Ausschaltzeit. Sie setzen $\frac{r_1 \cdot T_a}{L} = A$ und finden dann, dass die im Momente der Stromunterbrechung ($t = T_a$) zwischen den Kontaktstellen des Lichtbogens auftretende Oeffnungs-Spannung E_t sich ergibt zu

*) Wechselstromtechnik, 2. Aufl. S. 625.

$$E_f = \infty \quad \text{wenn } A \leqq 1 \text{ ist und}$$
$$E_f = \frac{E \cdot t}{A-1} \text{ wenn } A > 1 \text{ ist.}$$

Damit ergibt sich für
$$A = 2 \quad E_f = 2\,E$$
$$A = 5 \quad E_f = 1{,}25\,E$$
$$A = \infty \quad E_f = E.$$

Wenn die Berechtigung des Ansatzes auch nicht in allen Fällen besteht, so lässt er doch Schlüsse zu auf die Gefahrlosigkeit der in der Ueberspannungspraxis üblichen Funkenableiter. Es sollte also A stets grösser als 2 sein.

Die Hörnerfunkenableiter erhöhen durch ihren lang ausgezogenen Lichtbogen den Widerstand im Ableiterkreise sukzessive bis auf ziemlich bedeutende Werte, nicht dagegen die Rollenableiter. Der Widerstand einer solchen Funkenstrecke ist etwa von der Grössenordnung 0,1 Ohm, also bei etwa 100 Rollen in Reihe etwa 10 Ohm, mithin in Freileitungsnetzen nicht von Bedeutung. Ferner haftet augenscheinlich den Rollen ein den Löschfunkenstrecken der drahtlosen Telegraphie ähnlicher Charakter an, d. h. der Strom in ihnen wird ganz plötzlich $\left(\frac{di}{dt} = -\infty\right)$ unterbrochen.

γ) Konstruktion der Drosselspulen.

Angestrebt wird eine pro Stromeinheit möglichst grosse Zahl Verkettungen zwischen dem erzeugten Fluss und den Windungen der Spule. Dies führt auf eine sehr feste magnetische Kopplung der einzelnen Windungen, also dicht gewickelte Spulen. Dies vergrössert aber die Wirkung der Kapazität von Windung zu Windung und kann bei schnellen Stromänderungen den Induktivitätswert der Spule vermindern. Materialien hoher Dielektrizitätskonstanten als Isolationsmaterial zwischen den Windungen sind von Nachteil. Zylinderspulen sind vorteilhafter als flache Spulen, wenn diese auch den Vorteil geringeren Platzbedarfes haben. Das beste Isolationsmaterial zwischen den Windungen wäre Luft und zwar Druckluft.

Man kann daran denken die Drosselspule mit einem Eisenkern auszurüsten, um den Fluss pro Ampère zu erhöhen. Was ist der Gewinn? Bei schnellen Stromänderungen entstehen im Eisen bedeutende Wirbelströme, welche das primäre Feld z. T. aufheben. Praktisch ist also der Fluss pro 1 Ampère nicht wesentlich erhöht gegenüber dem Zustand ohne Eisen. Trotzdem ist aber ein Vorteil erreicht, nämlich der effektive Widerstand ist für schnelle Stromänderungen eben durch die Wirbelstromverluste im Eisen erhöht worden. Einige Messungen, die ich im Oktober 1906 darüber anstellte, ergaben folgendes bei etwa $^1/_2 10^6$ Perioden.

1) Spule mit 3 Windungen von 5 mm Draht.

a) mit ganz geschlossenem Eisenkern $L = 0{,}375\ 10^{-8}$ Henry
b) mit halb „ „ $L = 0{,}370\ 10^{-8}$ „
c) ohne „ „ $L = 0{,}300\ 10^{-8}$ „

Die Dämpfungen der Schwingungen verhielten sich wie 72 : 65 : 53, waren also wie 1,36 : 1,18 : 1,00 gestiegen. Die Verwendung von Eisendraht statt Kupfer hatte bei einer andern Spule einen Induktivitätsgewinn von 10% zur Folge. Die Verwendung von Eisen ist also empfehlenswert.

3. Reihenschaltung von Kapazität, Widerstand und Induktivität.

(Abb. 11 und 12.)

Wird ein Stromkreis der nebenstehenden Art plötzlich an die Spannung E angelegt, so ist

$$E = i \cdot r + L \frac{di}{dt} + \int \frac{idt}{C}$$
$$= i\,r + L \frac{di}{dt} + \frac{q}{C}$$

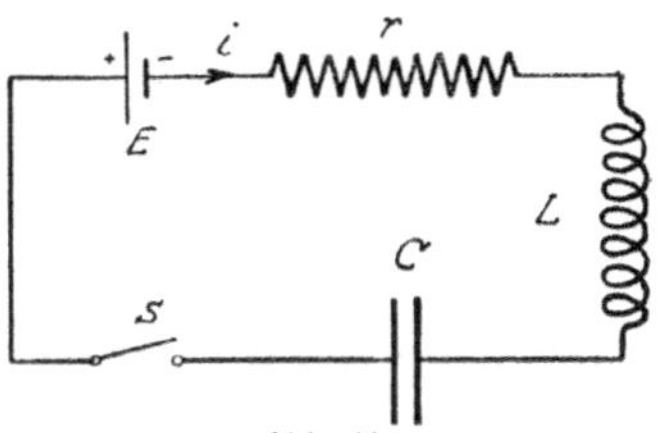

Abb. 11.

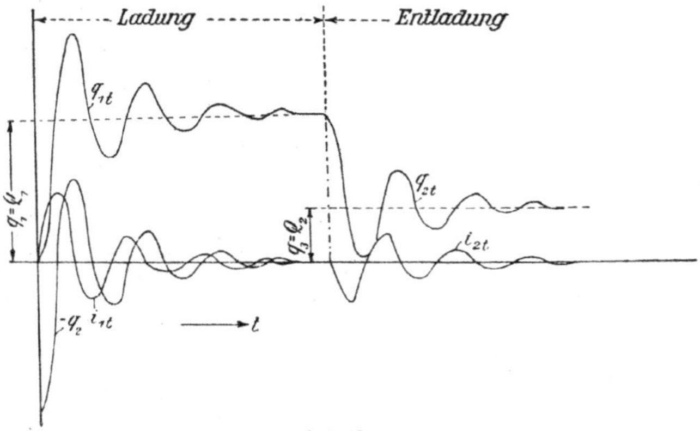

Abb. 12.

Verlauf der Ladung und des Stromes bei Gleichstrom, bei Ladung und Entladung eines Kreises, in dem R, L und C in Reihe liegen und $R^2 C > 4L$ ist.

wo q die zur Zeit t auf dem Kondensator befindliche Ladung ist. Die Lösung der Gleichung zeigt, dass man zu unterscheiden hat zwischen folgenden 3 Fällen:

$$\text{I.} \quad r^2 C^2 > 4 LC; \; r > 2 \sqrt{\frac{L}{C}}.$$

Die Ladung des Kondensators erfolgt aperiodisch. Ueberspannungen treten nicht auf.

$$\text{II.} \quad r^2 C^2 = 4 LC$$
$$r = 2 \sqrt{\frac{L}{C}}.$$

Die Ladung erfolgt noch gerade aperiodisch und ohne Ueberspannungen.

$$\text{III.} \quad r^2 C^2 < 4 LC$$
$$r < 2 \sqrt{\frac{L}{C}}.$$

Die Ladung erfolgt oszillatorisch. Es treten Ueberspannungen auf, die maximal das zweifache der Netzspannung E betragen können.

Dasselbe, was für die Ladung eines solchen Stromkreises gilt, tritt auch ein, wenn eine Kapazität über einen Widerstand und eine Induktivität entladen wird. Die Bedingung für das Auftreten einer oszillatorischen Entladung ist dieselbe, dagegen treten höhere Spannungen als vor der Entladung *nicht* auf.

Die Frequenz f dieser freien Schwingungen ist allein durch die Stromkreiskonstanten r, L, C bestimmt, nämlich

$$f = \frac{1}{2\pi} \sqrt{\frac{1}{LC} - \frac{r^2}{4L^2}}$$

also um so grösser, je kleiner L, C und r ist.

Die Spannung am Kondensator folgt der Gleichung

$$e_c = E\left(1 - \sqrt{\frac{4LC}{4LC - r^2C^2}} \cdot \varepsilon^{-\frac{r}{2L}t} \cdot \sin\left[\sqrt{\frac{1}{LC} - \frac{r^2}{4L^2}} \cdot t + \operatorname{arctg}\sqrt{\frac{4LC - r^2C^2}{r^2C^2}}\right]\right)$$

Ladestrom: $$i = \frac{2EC\varepsilon^{-\frac{r}{2L}t}}{\sqrt{4LC - r^2C^2}} \sin\sqrt{\frac{4LC - r^2C^2}{4L^2C^2}}\,t.$$

für $r = 0$

$$\left\{\begin{array}{l} \text{wird } f = \frac{1}{2\pi}\sqrt{\frac{1}{LC}}. \\ e_c = E\left(1 + \sin\left[\sqrt{\frac{1}{LC}}\,t - \frac{\pi}{2}\right]\right) \\ i = E\sqrt{\frac{C}{L}} \sin\frac{1}{\sqrt{LC}}\,t. \\ J_{max} = E\sqrt{\frac{C}{L}} \text{ und } E_{c\,max} = 2E. \end{array}\right.$$

Die Schwingungen sind also reine Sinusschwingungen. Vermieden können sie nur werden durch Erhöhung des Widerstandes auf den Wert $r = 2\sqrt{\frac{L}{C}}$. In den Dämpfungsexponenten geht nur der Widerstand r und die Induktivität L ein. Je grösser dieser, desto langsamer klingen die Schwingungen ab. Die Dauer einer freien Schwingung ist

$$T = \frac{1}{f} = 2\pi\sqrt{LC}.$$

4. Einschaltung eines bereits geladenen Kondensators.

Bei der Ableitung war Voraussetzung, dass der Kondensator oder die damit identifizierbare Freileitung oder Kabel keine anfängliche Ladung aufwies. Ist dies jedoch der Fall und der anfängliche Betrag der Ladung [atmosphärisch geladene Freileitung, Kabel, welche kurz vorher abgeschaltet wurde und noch Ladung behalten hat]

$$Q_0 = E_0 C$$

so verläuft die Spannung nach der Gleichung

$$E_c = E_1 + \frac{(E_0 - E_1)\sqrt{4LC}}{\sqrt{4LC - R^2C^2}}\,\varepsilon^{-\frac{r}{2L}t} \sin\left[\sqrt{\frac{1}{LC} - \frac{r^2}{4L^2}}\,t + \operatorname{arctg}\sqrt{\frac{4LC - r^2C^2}{r^2C^2}}\right].$$

Daraus ersieht man, dass je nach der Grösse und dem Vorzeichen von E_0 relativ zu E_1, beim Ausgleichvorgang beträchtlich höhere Spannungen am Kondensator auftreten als dem doppelten Werte von E_1 entspricht.*) Wird zum Beispiel ein Kabel eingeschaltet, wenn es bereits eine anfängliche Spannung besitzt, die der endgültigen gerade entgegengesetzt gerichtet ist $E_0 = -E_0'$ (falsche Polarität), so tritt während des Ausgleichsvorganges bei Vernachlässigung der Dämpfung eine Spannung auf, die maximal gleich $(2E_1 + E_0')$ ist, kann also je nach dem Werte E_0 sehr bedeutend sein. Ist E_0' gleich E_1, so entsteht die dreifache Ueberspannung.

5. Ueberspannungen beim Abschalten von Stromkreisen.

Die Ueberspannungen beim Abschalten von Stromkreisen werden durch die anfangs erwähnten Energiebeziehungen vollkommen erläutert, so dass in allen den Fällen, wo man

*) Kuhlmann, E. T. Z. 1908, Seite 1122, Abschnitt 5, letzte Zeile.

mit konzentrierten Induktivitäten, Widerständen und Kapazitäten rechnen darf, die Verhältnisse relativ einfach liegen. Von Vorteil ist der Wechselstrom hier deswegen noch, weil er in jeder Periode zweimal durch Null hindurchgeht und, wenn eine Abschaltung in diesem Falle bei Abwesenheit von elektrokinetischer Energie erfolgt, im Dielektrikum der Anlage keine neuen Energien aufgespeichert zu werden brauchen.

Unter allen Kombinationen aus Widerstand, Induktivität und Kapazität, welche also denkbar sind, sind diejenigen für die Entstehung von Ueberspannungen am gefährlichsten, *wo die Kapazität der Strombahn, d. i. das Raumgebiet, wo elektrische Feldkräfte entspannt werden können, sehr beschränkt ist.* Bei der plötzlichen Unterbrechung einer Induktivität könnten so theoretisch unendlich hohe Spannungen auftreten, wenn keine Kapazität vorhanden wäre. Wir können z. B. sofort an Hand der eingangs erwähnten Energiebeziehungen feststellen, wie gross die Spannungsverminderung wäre, wenn wir einen Kondensator parallel zur Induktionsspule geschaltet hätten (siehe Abb. 13).

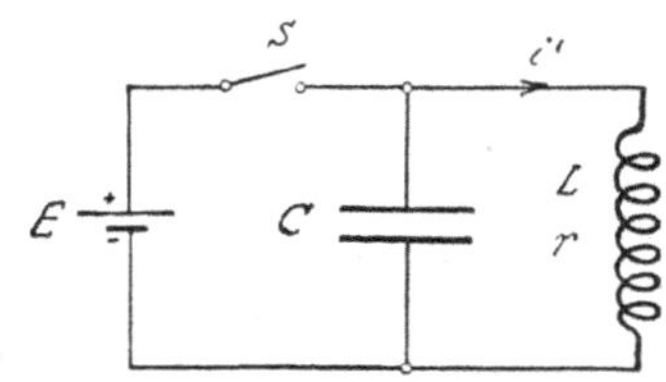

Abb. 13.
Schutz einer Drosselspule (Magnet) durch einen Kondensator.

Im Momente der Unterbrechung ist:

$$E^2\frac{C}{2}+\frac{i^2 L}{2}=E_c^2\frac{C}{2}$$

wenn wir von dem Einflusse der Kapazität der Windungen ganz absehen und die, wenn auch nicht genaue Annahme machen, dass nach einer gewissen Zeit alle kinetische Energie in der Kapazität sitzt, also Schwingungen auftreten, so wird, da $i=\left(\frac{E}{r}\right)$ ist.

$$E_c=E\left(1+\frac{L}{r^2C}\right)^{\frac{1}{2}}=E\left[1+\frac{1}{2}\frac{L}{r^2C}-\frac{1}{8}\left(\frac{L}{r^2C}\right)^2+\ldots\right]$$

also um so grösser, je mehr $\frac{L}{r^2C}$ die Einheit überwiegt. Ist r so gross, dass gerade noch aperiodische Entladung einsetzt, also $r=2\sqrt{\frac{L}{C}}$, so wird E_c am Kondensator

$$E_c=E\left(1+\frac{1}{2}\frac{1}{4}-\frac{1}{8}\frac{1}{16}+\ldots\right)\sim 1{,}125\,E.$$

6. Einfluss der Art der Stromquelle auf die Entstehungsmöglichkeit von Ueberspannungen bei Einschaltvorgängen.

Bei Gleichstrom sind die Fälle, wo Ueberspannungen entstehen können, immerhin noch leicht übersehbar. Das ändert sich aber mit der Anwendung von Wechselstrom. Die Möglichkeit der Entstehung von Ueberspannungen ist eine grössere geworden, wenn auch die Höhe der Ueberspannungen, welche aus der Unterbrechung von Stromkreisen entstehen, nicht immer so hoch ist, wie die bei Gleichstrom. Das Bild wird mit der Anwendung von Wechselstrom kaleidoskopartig und es lässt sich nur von Fall zu Fall etwas Bestimmtes sagen.

In erster Linie spielt der Einschaltmoment eine grosse Rolle. Der eigentliche Einschaltvorgang vollzieht sich dann aber genau so, wie bei Gleichstrom, wobei die im Einschaltmoment bestehenden Momentanwerte der bereits stationär vorauszusetzenden Spannungen und Ladungen an die Stelle der früheren Gleichstrom-Spannungen treten. Nun kommt es aber bei Wechselstrom ganz auf den Einfluss der Dämpfung an. Ist diese sehr gering, so kann inzwischen bereits die Wechselstromspannung, um die es sich etwa handelt, ihr Vorzeichen gegenüber dem des Einschaltmomentes geändert haben, und somit zu der abklingenden Spannung sich addieren, sodass Ueberspannungen auch in den Fällen entstehen, wo bei Gleichstrom keine entstehen würden. Höhere Ueberspannungen als das Doppelte treten aber in Strombahnen mit homogenen Leitungen, wenn nicht gerade Resonanz zwischen aufgedrückter Frequenz (Grund- oder höhere Harmonische) und der der freien Schwingungen vorliegt, nicht auf. Es mag genügen, folgende 3 typischen Fälle hierher zu setzen. Abb. 14, 15 und 16.*)

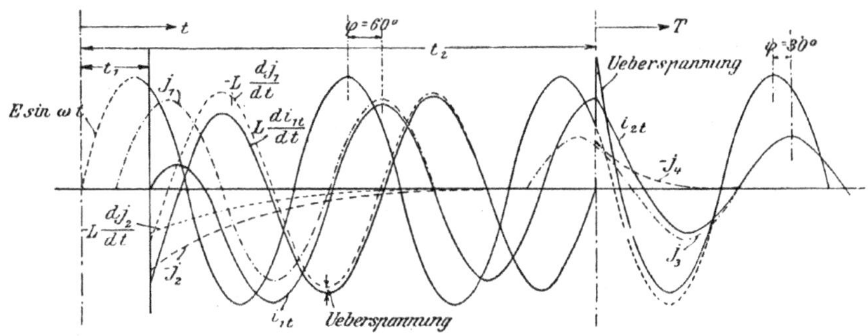

Abb. 14.

Verlauf von Strom und Spannung beim Einschalten und Regulieren des Stromes in einer Induktionsspule bei Wechselstrom.

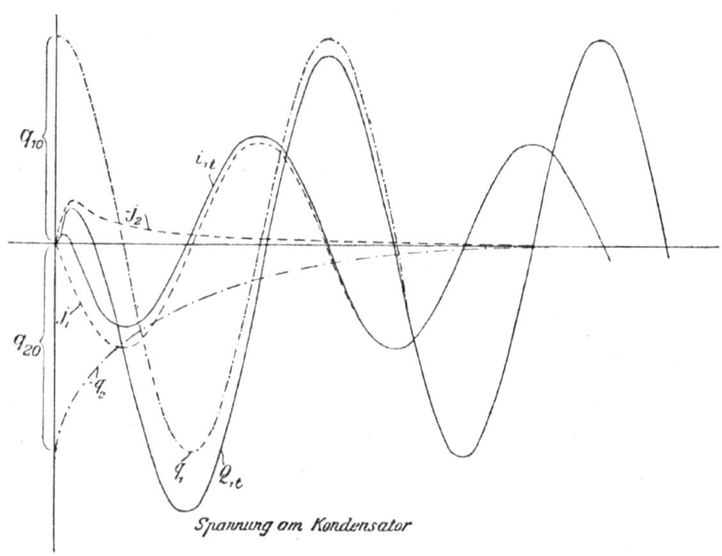

Abb. 15.

Verlauf von Ladung und Strom bei Wechselstrom, wenn $R^2 C > 4 L$ ist.

Im ersten Fall Abb. 14 ist $C = 0$ und nur r und L vorhanden, im zweiten ist r, C und L vorhanden, aber $r^2 C > 4 L$, also die freie Schwingung verläuft aperiodisch, im dritten Fall ist $r^2 C < 4 L$, die freie Schwingung wechselt ihr Vorzeichen mehrere Male, ist also eine Schwingung mit Richtungsumkehr.

---

*) Siehe Kuhlmann, E. T. Z. 1908, Heft 47.

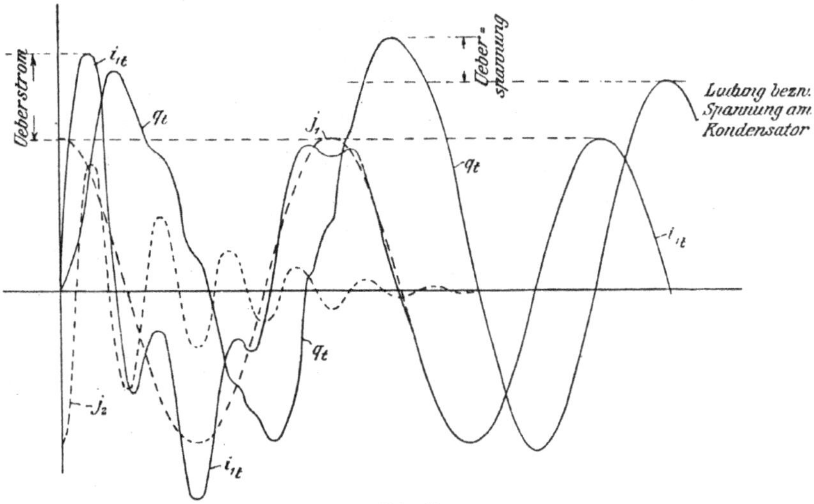

Abb. 16.

Verlauf von Ladung und Strom bei Wechselstrom kurz nach dem Einschalten wenn $R^2 C > 4 L$ ist, jedoch noch keine Resonanz zwischen aufgedrückter und freien Schwingungen auftritt.

Im zweiten Falle ist vorausgesetzt, dass die Phasenverschiebung im stationären Zustande etwa 90° Voreilung ist. Die wahre Ladung gibt in jedem Momente die Kurve $Q_{1\,t}$ an. Die stationäre Ladung ist q_1, die abklingende freie Ladung q_2. In jedem Momente ist $Q_{1\,t} = q_1 + q_2$.

Mit der wahren Stromkurve $i_{1\,t}$ verhält es sich analog, sie ist stets gegeben durch den stationären Strom j_1, welcher q_1 um etwa 90° voreilt und durch den abklingenden freien Strom j_2, welcher q_2 entspricht. Wäre keine Induktivität vorhanden, so begänne j_2 nicht bei Null, sondern hätte den Wert

$$\left(\frac{q_2}{C}\right)_{t=0} = \frac{q_{20}}{C} = j_2\,r.$$

Jetzt aber gilt für den freien Strom, da $(q_2)_{t=0}$ die sich ausschwingende freie Ladung ist:

$$\frac{q_{20}}{C} = j_2\,r + L\,\frac{dj_2}{dt}, \text{ was für } t = 0 \quad \left(\frac{dj_2}{dt}\right)_{t=0} = \frac{q_{20}}{L\,C} \text{ gibt.}$$

Bei Wechselstrom treten, wie wir aus dem Verlaufe von $Q_{1\,t}$ gegenüber der stationären Ladung q_1 sehen, auch dann, wenn $r > 2\sqrt{\frac{L}{C}}$ ist, Ueberladungen am Kondensator auf, meistens auch noch Ueberströme. Es hängt alles von der Dämpfung gegenüber der Dauer einer Periode des aufgedrückten Wechselstromes ab.

Der dritte Fall $r < 2\sqrt{\frac{L}{C}}$ ergibt, wie wir wissen, eine freie Strom-Schwingung j_2 von der Frequenz $f = \frac{1}{2\pi}\sqrt{\frac{1}{CL} - \frac{r^2}{4L^2}}$. Im Einschaltmomente ist wieder $i_{1t} = 0 = j_1 + j_2$, wo j_1 der stationäre Strom ist. Charakteristisch ist die Verzerrung der Stromkurve und der Ladungskurve q_t, die hier durch Planimetrierung der $i_{1\,t}$ Kurve gewonnen wurde. Es treten Ueberströme und Ueberspannungen auf. Die Bilder werden noch verwirrter, wenn man noch den Einfluss höherer Harmonischer studieren wollte. Diese fast unberechenbaren und in ihrer Besonderheit unvorhersehbaren *Einschaltvorgänge* bei Wechselstrom werden mit einem Schlage beseitigt durch die Anwendung von ***Stufenschaltern***, welche auf kurze Zeit einen Widerstand in die Strombahn einschalten. Für Wechselstromanlagen grösserer Leistung werden sie stets von Nutzen sein und zwar sowohl für den Ueberspannungsschutz wie für den ebenso wichtigen Ueberstromschutz.

Insbesondere bewährt haben sich diese ***Stufenschalter*** in Induktivitätskreisen, welche Eisen enthalten und bei hohen Spannungen stets zu Ueberspannungen beim Einschalten Veranlassung geben würden. Einen Ersatz für diese Schalter bietet die Vorschaltung einer Drosselspule mit Parallelwiderstand vor die Transformatorenwicklungen (siehe weiter unten).*)

7. Im praktischen Betriebe vorkommende Fälle von Resonanzerscheinungen.

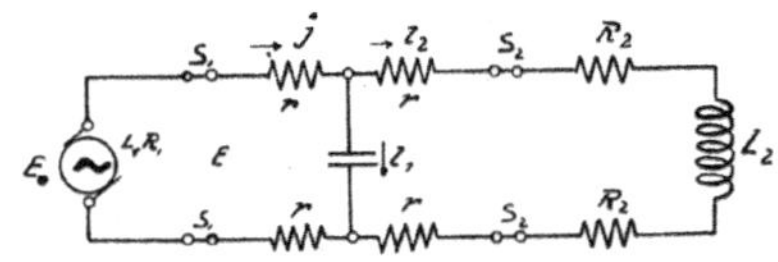

Abb. 17.

In der Praxis kommt im belasteten Betriebe eine unmittelbare Reihenschaltung von Kapazität und Induktivität sehr selten vor, vielmehr fast ausschliesslich die in Abb. 17 gezeichnete Anordnung der Parallelschaltung. *Wir werden aber sehen, dass praktisch diese Anordnung je nach der Harmonischen der Wechselspannung, welche wir betrachten, auf eine Hintereinanderschaltung oder eine Parallelschaltung hinausläuft.* Die Kapazität sei durch ein Kabel gegeben. Die Induktanz L_1 entspreche der Streuung der Generatorwicklung. L_2 sei ein Motor. R_1 und R_2 sollen die Widerstände der Strombahnen darstellen. Es sei noch $L_2 > L_1$. Lassen wir den Generator zunächst langsam laufen, so wird das Stromdiagramm durch Abb. 18 dargestellt. Der Kondensatorstrom i_1 ist kleiner als der Strom i_2, die EMK E_0 des Generators grösser als die Klemmenspannung. Jetzt nehme die Periodenzahl zu, die Spannung E bleibe konstant, dann wächst i_1, und i_2 nimmt ab. J kommt in Phase mit E, wir haben Stromresonanz, dabei ist J ein Minimum geworden. Jetzt werde die Frequenz weiter gesteigert, dann wächst i_1 noch mehr, und i_2 nimmt noch mehr ab (Abb. 19). J hat Voreilung bekommen. Wir müssten jetzt sogar die Erregung des Generators schwächen, wenn wir konstante Klemmenspannung E erhalten wollen. Bei noch weiterer Steigerung der Frequenz würde es schliesslich zur Resonanz zwischen C und L_1 kommen, wobei ganz enorme Ueberspannungen und Ströme auftreten können. Praktisch kann die höhere Frequenz durch Anwesenheit höherer Harmonischer in der Kurve der EMK des Generators gegeben sein, und, wenn diese stark ausgeprägt sind, dann kann es passieren, dass, trotzdem die Grundschwingung nur 50 Perioden zählt, der Maschine bedeutende Wechselströme mit höherer Frequenz entnommen werden. Würden bei Anwesenheit genügend starker Harmonischer die Verhältnisse liegen, wie eben angedeutet, so dürfte das Kabel nicht eingeschaltet werden. Der Strom und die Spannung würden kurz nach dem Einschalten allmählich zu ganz bedeutenden Werten ansteigen, etwa wie in Abb. 20 dargestellt. Dabei ist angenommen, dass die Einschaltung begann, als die betreffende Harmonische der EMK des Generators im Maximum war. *In solchen Fällen helfen natürlich keine Ueberspannungssicherungen; man muss eben mit Rücksicht auf den guten Betrieb stark ausgeprägte Oberschwingungen in den Generatoren vermeiden, also möglichst reine Sinuskurven der EMK anstreben, und zwar nicht nur für die verkettete Spannung, sondern mit Rücksicht auf andere Erscheinungen, auch für die Phasenspannungen.* Aus Abbildung 20 ersieht man deutlich, wie die Spannungskomponente der Kondensatorspannung, welche der in Resonanz gekommenen Harmonischen entspricht, ausserordentliche Beträge hier das etwa 6fache der EMK der Betriebsspannung, soweit sie von der höheren Harmonischen herrührte, erreichen kann.

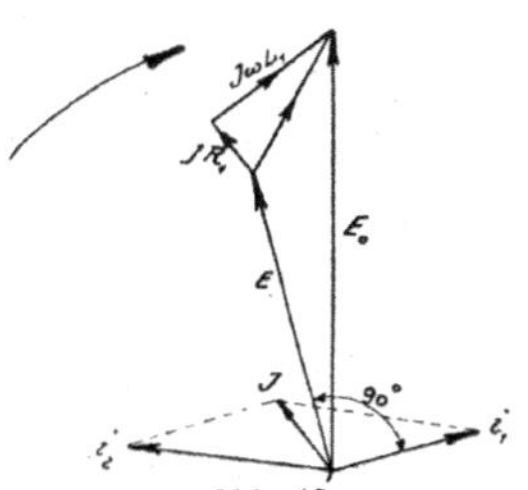

Abb. 18.

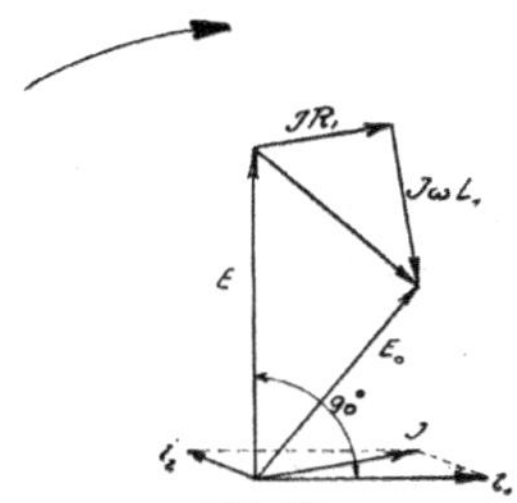

Abb. 19.

*) Biermann, Archiv f. Elektrotechnik 1914. Heft 8.

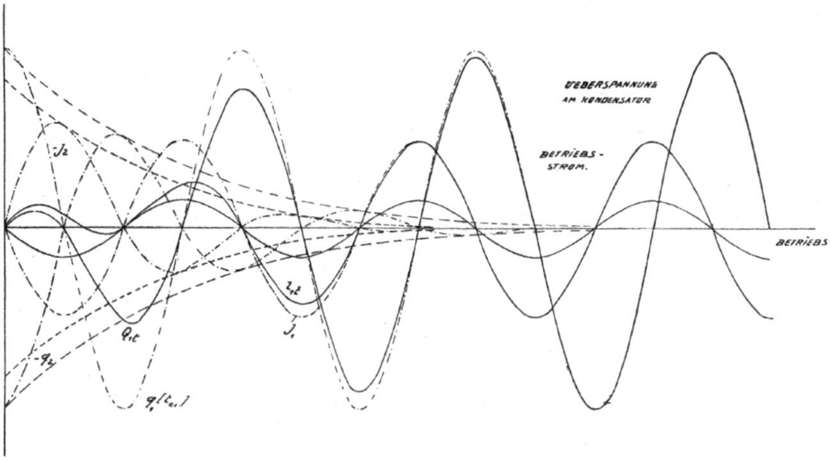

Abb. 20.

Es sind nur die Kurven gezeichnet, welche der höheren Harmonischen entsprechen, mit welcher Resonanz besteht.

Aber selbst wenn die Leerlaufspannung der Generatoren vollkommen sinusförmig verläuft, so ist es doch fast unmöglich, diese Kurvenform unter allen Betriebsumständen aufrecht zu erhalten. Letzteres hängt nämlich noch sehr von der Schaltung der Verbrauchsapparate ab. Sind sie beispielsweise in Stern geschaltet und besitzen sie stark gesättigtes Eisen, so entsteht bei sinusförmiger aufgedrückter EMK, also auch bei sinusförmigem Kraftlinienfluss im Eisen, infolge der Hysteresis und der Sättigung eine verzerrte Stromkurvenform, welche vornehmlich eine dritte Harmonische enthält. Bei Sternschaltung der Transformatorenwicklungen können sich aber diese Ströme dritter Frequenz nicht ausgleichen. Es müssen dadurch notgedrungen Rückwirkungen auf die Kurvenform eintreten, bis der durch die Sternschaltung vorgeschriebenen Bedingung für die Spannungen und Ströme Genüge geleistet ist. Bei Dreieckschaltung der Transformatoren können sich die Ströme dreifacher Frequenz im Dreieck selbst ausgleichen und die Spannungen bleiben sinusförmiger als bei andern Schaltungen. Blondel empfiehlt*) die Verlegung isolierter Nulleiter zwischen den Sternpunkten von Generatoren und Transformatoren, falls man die Dreieckschaltung oder die Erdung beider Nullpunkte vermeiden will.

8. Einfluss der Schaltung von Generatoren und Transformatoren auf die bei Kurzschluss eintretenden Ueberspannungen.

Infolge der magnetischen Kupplung der Phasenwicklungen bei Mehrphasengeneratoren und -Transformatoren treten im Augenblicke eines Kurzschlusses zwischen zwei Phasenleitungen Ueberspannungen zwischen den Klemmen der nicht betroffenen und der betroffenen Phasenwicklungen auf, die je nach der Schaltung der Wicklungen höhere oder weniger hohe Werte annehmen können. Das Oszillogramm I (Abb. 23) bezieht sich auf die Schaltung. (Abb. 21.) Der Kurzschluss wurde zwischen der sekundären Leitung 1′ und 2′ des beiderseits

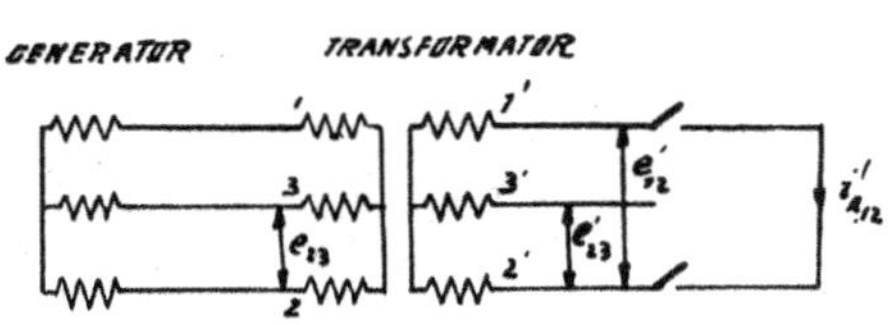

Abb. 21.

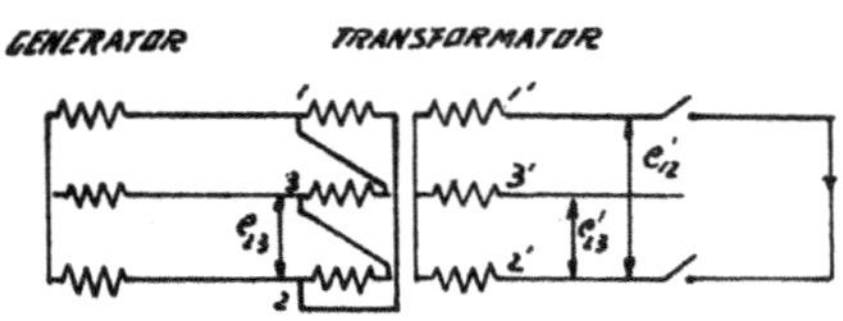

Abb. 22.

*) Comptes rendus. 1914. No. 7.

in Stern geschalteten Transformators in dem Augenblicke gemacht, wo die verkettete Spannung e'_{12} gerade im Maximum war. Der magnetische Fluss in der nicht vom Kurzschluss betroffenen Phase ist dann gerade im Maximum und muss innerhalb der nächsten Viertelperiode sowohl zeitlich, wie infolge der Ankerrückwirkung absolut auf Null gehen, was höhere

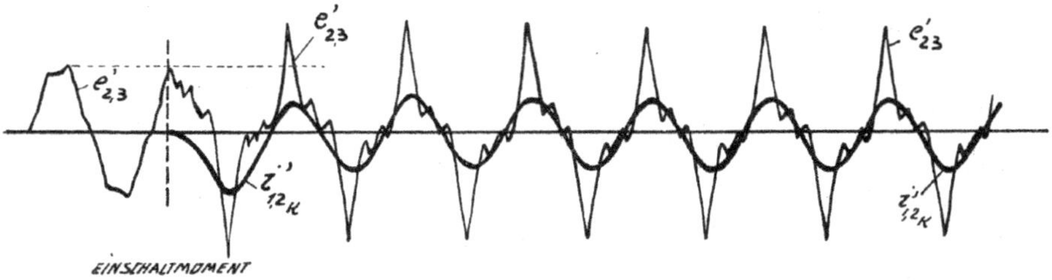

Abb. 23.

Oszillogramm I zu Schaltung Abb. 21.
Verlauf der Spannung e'_{23} und des Kurzschlusstromes $i'_{1,2K}$ bei Sternschaltung.

Maximalwerte von e_3 zur Folge hat. Man erkennt aus dem Oszillogramm, dass die Spannung e'_{23} infolge des Kurzschlusses den mehr als doppelten Wert der *verketteten* Spannung bei normalem Betriebe angenommen hat. Da diese Spannung fast ausschliesslich auf die Wicklung eines Kernes (hier Phase 3') entfällt, so ist also die Isolation während der ganzen Dauer des

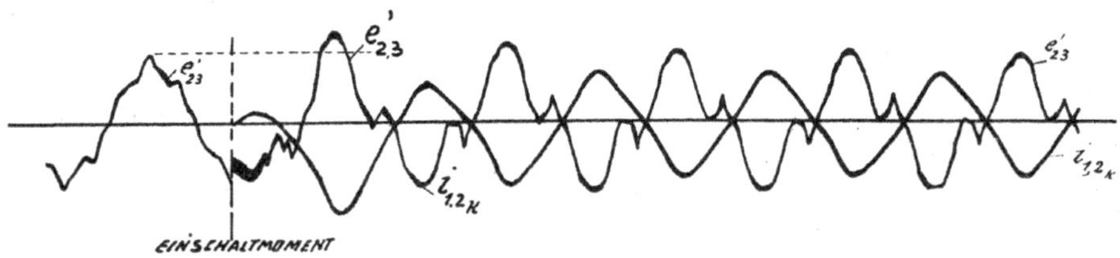

Abb. 24.

Oszillogramm II zu Schaltung 22.
Verlauf der Spannung e'_{23} [Abb. 22] und des Kurzschlusstromes $i'_{1,2K}$ bei Dreieck-Sternschaltung.

Kurzschlusses mit etwa der vierfachen elektrischen Feldstärke beansprucht. Die Spannung $e_2{}'_3$ enthält, wie die Analysen Abb. 25 und 26 zeigen, nach dem Kurzschlussmoment eine stark ausgeprägte dritte und fünfte Harmonische, was vorher nicht der Fall war. Schaltet man hingegen den Transformator auf einer Seite in Dreieck (Abb. 22), so tritt im Momente des Kurzschlusses in den im Dreieck verbundenen Wicklungen ein Ausgleichstrom auf und wir sehen aus dem Oszillogramm II (Abb. 24), dass der Maximalwert der Spannung kaum in die Höhe schnellt. Wenn wir also voraussetzen, dass die Maximalspannung in erster Linie

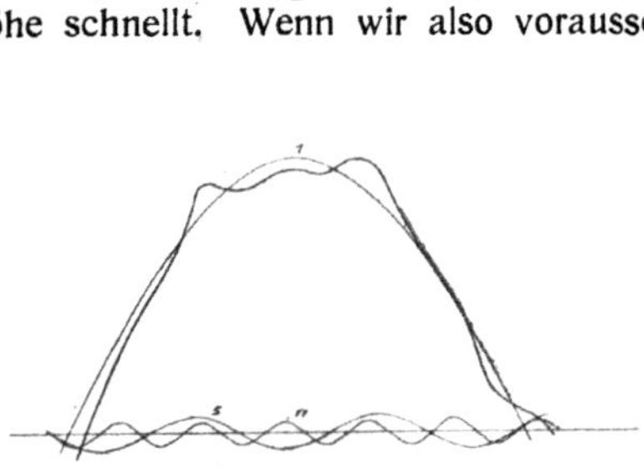

Abb. 25.

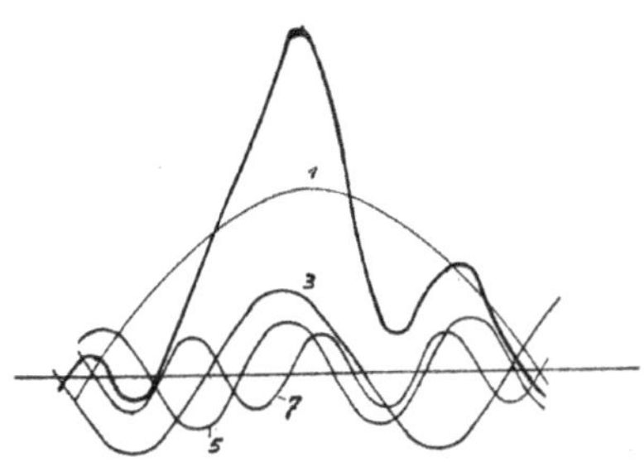

Abb. 26.

für den Durchschlag massgebend ist, so müssen wir hieraus schliessen, dass es betriebstechnisch günstiger ist, bei Kraftübertragungsanlagen wenigstens eine Seite der Transformatoren in Dreieckschaltung zu verwenden. Dieses Prinzip wird sowohl in englischen, wie in amerikanischen Kraftübertragungsanlagen ziemlich allgemein befolgt, und wenn man auch hierbei zunächst den bessern Spannungsausgleich bei ungleich belasteten Phasen im Auge gehabt hat, so ist damit, wie gezeigt, auch ein überspannungstechnischer Vorteil verbunden.

Aus diesen Betrachtungen ergibt sich die Gefahr, dass durch den Kurzschluss sekundäre Resonanzschwingungen mit der dritten, fünften, siebenten etc. Harmonischen ausgelöst werden können, wobei mir die dritte und fünfte besonders wichtig erscheinen. Sie sind offenbar eine notwendige Folge der Anwendung gesättigten Eisens. Bei dem Einbau irgend welcher Schutzvorrichtungen, seien es Kondensatoren, Drosselspulen, Kabel, Freileitungen, ist daher auf diesen Umstand Rücksicht zu nehmen. Ein Netz sollte bei der Projektierung bereits daraufhin untersucht werden. Es ergibt sich wie wichtig es ist, wenn man von dem Vorteil der oben erwähnten Schutzvorrichtungen Nutzen haben will, die Dreieckstern-schaltung oder andere Ausgleichskreise zu schaffen, damit die starke Verzerrung der Kurvenform unter Einfluss von Kurzschlüssen nicht auftreten kann. Haben sich in einem Netze solche Ueberspannungen ergeben, so ist man gezwungen, sich ausschliesslich auf die Schutzwirkung von Funkenableitern mit Widerstand zu verlassen, oder man muss durch nachträgliche Schaffung von Ausgleichkreisen die Entstehungsmöglichkeit von höheren Harmonischen (Resonanz) überhaupt unterbinden. Dieser Weg ist natürlich der richtigere.

9. Einfluss einer gleichmässigen Verteilung von Kapazität, Induktivität, Widerstand und Ableitung auf die Eigenschaften elektrischer Stromkreise.

In den Kapiteln 2—5 war von den Ueberspannungen die Rede, welche entstehen in dem Falle, wo Widerstand, Kapazität und Induktivität in „konzentriertem" oder physikalisch reinem Zustande den Stromkreis ausmachen. In Wirklichkeit besitzt jedes Leiterstück die Eigenschaften eines solchen Stromkreises (siehe Abb. 2) und man sagt längs wirklichen Leitungen sind Widerstand, Selbstinduktion und Kapazität gleichmässig verteilt. Die Ausgleichsvorgänge vollziehen sich dadurch anders, behalten aber im grossen ganzen die Charakteristika der Vorgänge bei konzentrierten Leitungskonstanten. Den Widerstand hat man sich dabei nicht bloss im Zuge der Leitung (im Kupfer) vorhanden zu denken, sondern auch als sogenannten Isolationswiderstand, quer zum Zuge der Leitung. Homogen heisst eine elektrische Leitung, wenn an *allen* Stellen auf die Längeneinheit der Hin- und Rückleitung (Schleife) der gleiche Betrag an Induktivität L, Widerstand R, Kapazität C und Ableitung G verhanden ist. Unter Ableitung verstehen wir dabei den reziproken Wert des vorhin erwähnten Isolationswiderstandes. Ableitungsverlust (quer zu der Leitung) und Kupferverlust (in der Leitung) bilden den totalen Energieverlust, den Joule'schen Verlust der Leitung. Während die auf die elektrischen und magnetischen Felder bezüglichen Grössen L und C mit keinen Verlusten verkettet sind. Für Starkstromleitungen spielen für die hier zu behandelnden Fragen die Joule'schen Verluste zunächst eine untergeordnete Rolle gegenüber den Erscheinungen, welche die Energiebeziehungen zwischen dem elektrischen und magnetischen Felde verursachen, also diejenigen, welche eine Folge von L und C sind. Unsere weiteren Betrachtungen beziehen sich nur auf homogene Leitungen. Nicht homogene Leitungen weisen so komplizierte Erscheinungen auf, dass ihnen mit der Rechnung in erschöpfenderweise nicht beizukommen ist. Leider treffen unsere Voraussetzungen bei technischen Leitungen nicht immer strenge zu, da die Leitungen nicht durchwegs aus genügend langen, homogenen Stücken bestehen; denn homogen heisst streng auch, dass die Leitungen einander immer parallel verlaufen (gleiches L und C). Doch geben unsere Betrachtungen einen hinreichenden Einblick in die Verhältnisse. Theoretische Untersuchungen über die Ausbreitung elektrischer Zustände längs einer homogenen Doppelleitung sind bereits in dem bekannten Lehrbuche von Ferraris enthalten. Eingehender sind die Vorgänge erst in den letzten Jahren behandelt worden.*) Die Anwendung des Induktionsgesetzes auf den geschlossenen Weg $a\ b\ c\ d$ der Abb. 27 und des ersten Kirchhoff'schen Gesetzes auf Abb. 26 ergeben folgende Beziehungen:

---

*) Siehe z. B. K. W. Wagner, Elektromagnetische Ausgleichvorgänge. Leipzig. 1908. Verlag von B. G. Teubner.

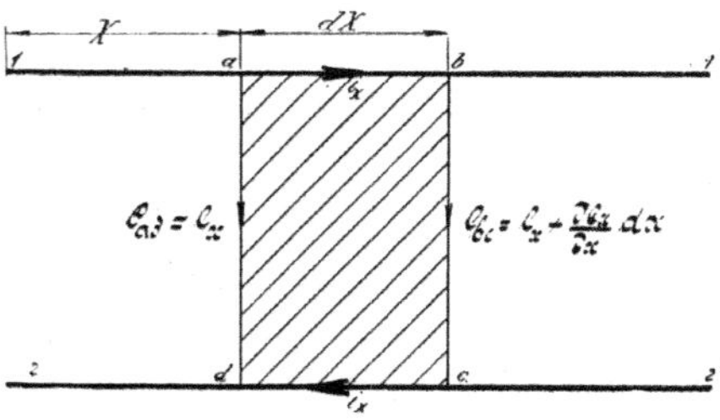

Abb. 27.

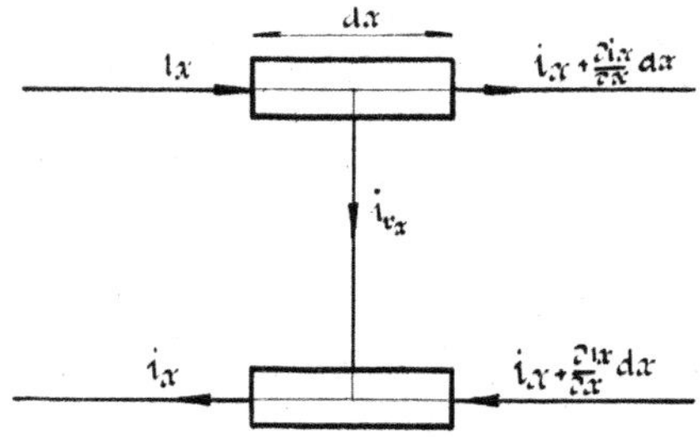

Abb. 28.

$$\text{I.}\quad -\frac{\partial e_x}{\partial x} = r i_x + L\frac{\partial i_x}{\partial t}$$

$$\text{II.}\quad -\frac{\partial i_x}{\partial x} = G e_x + C\frac{\partial e_x}{\partial t}\,.$$

Vernachlässigt man die Einflüsse von r und G, so wird

$$\text{I}^a).\quad -\frac{\partial e_x}{\partial x} = L\frac{\partial i_x}{\partial t}$$

$$\text{II}^a).\quad -\frac{\partial i_x}{\partial t} = C\frac{\partial e_x}{\partial t}\,.$$

Eliminiert man durch partielle Differentiation von I^a nach x und II^a nach t die Grösse i_x aus I und e_x aus II_1, so ergibt sich

$$\text{III.}\quad \text{a)}\ \frac{\partial^2 e_x}{\partial x^2} = LC\frac{\partial^2 e_x}{\partial t^2}$$

$$\text{b)}\ \frac{\partial^2 i_x}{\partial x^2} = LC\frac{\partial^2 i_x}{\partial t^2}$$

und daraus die Fortbewegungsgeschwindigkeit v elektrischer Zustände längs der homogenen Doppelleitung

$$\text{IV.}\quad v = \frac{\partial x}{\partial t} = \frac{1}{\sqrt{LC}}\,.$$

In Luft- oder Freileitungen ist diese Geschwindigkeit grösser als in Kabeln oder Maschinenwicklungen, da bei letzteren die Kapazität pro Längeneinheit relativ grössere Werte annehmen als bei ersteren die Induktivität. Da in Freileitungen v den Wert der Lichtgeschwindigkeit also 3.10^{10} cm/sec. nahezu aufweist, so beträgt unter Vernachlässigung des Magnetfeldes im Leitungskupfer die Fortpflanzungsgeschwindigkeit v für Leitungen, deren Umgebung die Permeabilität μ und die Dielektrizitätskonstante ε aufweisen,

$$v = \frac{3\cdot 10^{10}}{\sqrt{\varepsilon\cdot\mu}}\cdot 10^{10}\ \text{cm/sec.}$$

Die Lösung der partiellen Differentialgleichungen III ist allgemein von der Form $e_x = e_{xf} + e_{xe}$, worin e_x die resultierende Spannung an der Stelle x ist; e_{xf} bedeutet die uns hier in erster Linie interessierende Ausgleichsspannung zwischen der Spannung e_x und der am Ende eines Ausgleichsvorganges stets bestehenden stationären Spannung e_{xe}. Für e_{xf} können wir in der besonderen Form der d'Alembert'schen Lösung schreiben:

$$\text{V}^a.\quad e_{xf.} = f_1(x - vt) + f_2(x + vt) = e'_{xf} + e''_{xf}.$$

$$\text{V}^b.\quad i_{xf.} = \sqrt{\frac{C}{L}}\left(e'_x - e''_x\right) = \frac{e'_{xf}}{Z} - \frac{e''_{xf}}{Z} = i'_{xf} + i''_{xf}.$$

$$\text{VI.}\quad Z = \sqrt{\frac{L}{C}}\ \text{der Wellenwiderstand der betrachteten Leitung.}$$

Hierin bedeuten $e_{xf}' = f_1\,(x - vt)$ eine in Richtung der positiven x unverzerrt mit $v = \frac{1}{\sqrt{LC}}$ fortschreitende Spannungswelle und i_x' die ihr gleichphasige (nach Ort und Zeit) entsprechende Stromwelle.*) Analog bedeutet $e_{xf}'' = f_2\,(x + vt)$ und $i_{xf}'' = \frac{-f_2\,(x + vt)}{Z}$ eine in Richtung der negativen x fortschreitende Welle. Wir wollen solche Wellen *Wanderwellen* nennen. Sie sind dadurch charakterisiert, dass sie sowohl ein elektrisches wie magnetisches Feld besitzen. Ihnen gegenüber stellen wir die *Ruhewellen*, womit wir rein statische Zustände auf der Leitung bezeichnen wollen, mit denen entweder nur ein elektrisches Feld oder ein magnetisches Feld verbunden sei.

Für die Wanderwelle ergibt sich an jeder Stelle der Leitung das gleiche Verhältnis $Z = \sqrt{\frac{L}{C}}$ zwischen Spannung und Strom. In Anlehnung an ein gleichartiges Verhältnis bei Gleichstromkreisen nennt man $Z = \sqrt{\frac{L}{C}}$ den Wellenwiderstand der Leitung.

Bei allen Zustandsänderungen auf der Leitung vermitteln diese Wellen, indem sie zufolge der Leitungsverluste allmählich bis auf Null abnehmen, den Uebergang von einem stationären Zustand in einen zweiten.

Ebenso ist der Strom: $\quad i_x = i_{xf} + i_{xe}\,,$

worin i_{xe} der erzwungene stationäre Zustand am Ende des Ausgleichsvorganges ist.

Für den Beginn des Ausgleichsvorganges $t = 0$ ist also

$$e_{x0} = e_{(xf)0} + e_{(xe)0}$$
$$i_{x0} = i_{(xf)0} + i_{(xe)0}$$

Beispiel. Auf einer Leitung sei infolge atmosphärischer Einflüsse eine beliebig verteilte Ladung Q_0 zur Zeit $t = 0$ entstanden. Wir nehmen der Einfachheit halber an, dass sie Rechteckform habe und sich über die Leitungslänge l_0 erstrecke. Dann ist

$$Q_0 = E_0\,C_1 l_0 \quad \text{und}$$
$$E_0 = \frac{Q_0}{C_1\,l_0}$$

die Höhe der Spannung, auf welche hier die Leitung geladen ist. Der Strom sei für $t = 0$ auch Null. Eine solche Ladung breitet sich sofort über die Leitung aus und zwar, da nach beiden Seiten die Leitungskonstanten dieselben sind (homogene Leitung), auch nach beiden Seiten in gleichem Masse. Wir wollen nun die hierbei auftretenden Strom- und Spannungswellen betrachten und haben dabei zwei prinzipielle Fälle zu unterscheiden, wenn wir die Leitung beiderseits sehr lang annehmen.

Fall a. Es ist wohl Widerstand, jedoch keine Ableitung vorhanden. Dann vollzieht sich gemäss Kapitel 2, 6a die Entladung so, dass infolge der Erhaltung der Ladung, die Ladung auf der Leitung einem Endzustande zustrebt, bei dem die Anfangsladung Q_0 über die ganze Leitungslänge gleichmässig zerstreut ist. Ist l' diese Länge, so ist am Ende des Vorganges

$$Q_0 = E'\,C_1 l' \quad \text{also} \quad E' = E_0 \frac{l_0}{l'}\,.$$

---

*) Eine dem maschinenbauenden Elektrotechniker geläufige magnetische Welle ist z. B. das Drehfeld in einem Asynchronmotor. Denn die zur Zeit t an einer Stelle eines 2poligen sinusförmigen Drehfeldes bestehende Induktion $B_{x,t}$ schreibt sich bei Drehstrom in der Form: $B_{xt} = \frac{3}{2} B_{max} \cos(x - \omega t)$; worin ω = Kreisfrequenz ist. Vertauscht man zwei Zuleitungen, so wandert das Drehfeld in der umgekehrten Richtung und es ist $B_{x,t} = \frac{3}{2} B_{max} \cos(x + \omega t)$ und die Winkelgeschwindigkeit des Drehfeldes ist $\frac{dx}{dt} = -\omega$. An Stelle des obigen v steht hier die Winkelgeschwindigkeit ω.

Der Ausgleichvorgang dauert dann solange, bis die Energie

$$E_0^2 \frac{C_1 l_0}{2} - E'^2 \frac{C_1 l'}{2} = \frac{E_0^2 C_1}{2}\left(l_0 - \frac{l_0^2}{l'}\right) = E_0^2 \frac{C_1 l_0}{2}\left(\frac{l' - l_0}{l'}\right)$$

im Leitungswiderstande verloren gegangen ist.

Fall b. Es ist sowohl Widerstand, als auch Ableitung vorhanden, dann entlädt sich die Leitung zufolge der Ableitung bis auf den Wert Null (analog Kapitel 2, 6a).

Im Falle *a* erschien die Leitung am Ende des Vorganges als gleichmässig geladen. Im Falle *b* dagegen nicht. Daraus erkennt man, dass bei Leitungen, welche mit Wasserstrahlerdung versehen sind, oder solche, welche eine dauernde leitende Verbindung zwischen den geladenen Leitern aufweisen, nur Fall *b* möglich ist. Im Falle atmosphärischer Ladungen kommt natürlich die Erde als zweiter und je einer der Freileitungsdrähte als erster Leiter der Doppelleitung in Frage. Damit also nie der Fall *a*) eintreten kann, empfiehlt es sich

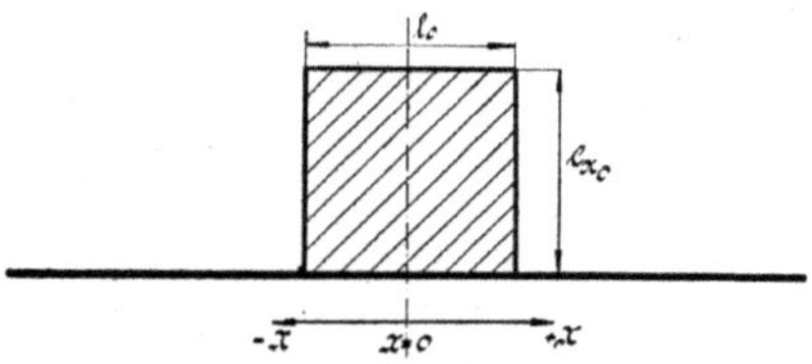

Abb. 29 a.

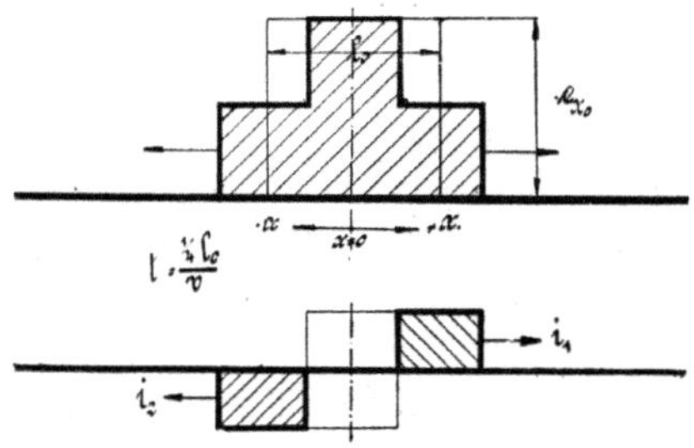

Abb. 29 b.*)

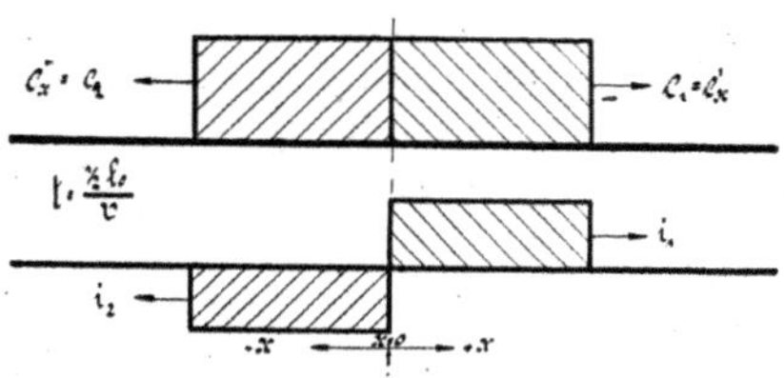

Abb. 29 c.*)

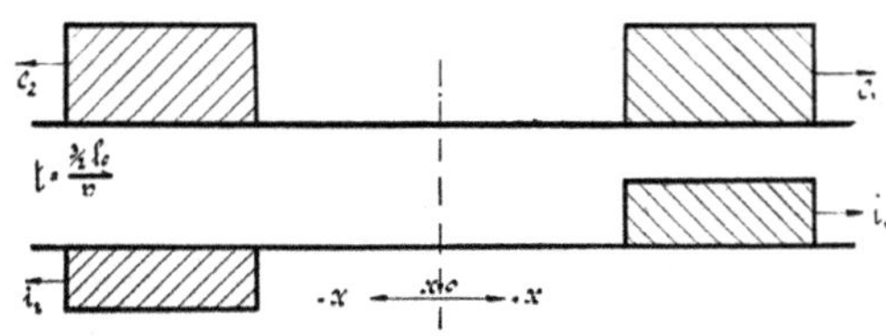

Abb. 29 d.*)

stets bei Freileitungen die ständige Erdung an einer Stelle des Netzes mindestens über Wasserstrahlerder oder Erdungsdrosselspulen. Zurückkehrend zur Abbildung 25 erhalten wir für alle Punkte, für welche

$$0 \leqq x < \left(+\frac{l_0}{2}\right) \text{ und } 0 \leqq x < \left(-\frac{l_0}{2}\right)$$

und für die Zeit $t = 0$ beim Auftreten der atmosphärischen Ladung Q_0 folgende Beziehungen: da $e_{(xe)0}$ und $i_{(xe)0}$ gleich Null sind.

1) $$e_{x0} = f_1(x - vt) + f_2(x + vt) = e'_{x0} + e''_{x0} = e_1 + e_1'$$

2) $$i_{x0} = 0 = \sqrt{\frac{C_1}{L_1}}\, f_1(x + vt) - \sqrt{\frac{C_1}{L_1}}\, f_2(x + vt) \text{ also}$$

3) $$Z \cdot i_{x0} = (e'_x - e''_x) = e_1 - e'_1 = 0$$

4) $$e_1 = e'_1 = e'_1 \frac{e_{x0}}{2}$$

5) $$i'_{x0} = i_1 = \frac{e_1}{Z_1} = \frac{e_{x0}}{2 Z_1}$$

6) $$i''_{x0} = i'_1 = -\frac{e'_1}{Z_1} = -\frac{e_{x0}}{2 Z_1}$$

*) In den Abb. 29 b bis 29 d ist i_1' statt i_2 und e_1' statt e_2 zu lesen.

Wollen wir den Verlauf graphisch darstellen, so zeichnen wir zunächst die Wellen e_1 und e_2, indem wir die Ordinaten der Urwelle e_{x0} überall halbieren. Die eine Hälfte wandert als Welle e_1 nach rechts, die zweite e_1' gleich schnell nach links. Beide Wellen sind positiv und oberhalb der Ordinatenachse gezeichnet.

Um die Stromwelle i_1' zu zeichnen, haben wir die Welle e_1' umzuklappen und die Ordinate mit $\sqrt{\frac{C_1}{L_1}}$ zu multiplizieren. Die Stromwelle i_1 geht aus der Welle e_1 unmittelbar hervor durch Multiplikation mit

$$\frac{1}{Z_1} = \sqrt{\frac{C_1}{L_1}},$$

in der (Abb. 29) sind mehrere Phasen der Wellenfortpflanzung gezeichnet.

Bei einer Wanderwelle geht pro Sekunde durch den Leiterquerschnitt eine gewisse Leistung, eben weil sie bewegte elektrische Ladungen enthält, bei einer Ruhewelle ist die Leistung gleich Null.

Angewendet auf unser Beispiel ist die Leistung der Wanderwelle e_1

$$p_1 = e_1\, i_1 = \frac{e_1^2}{Z_1} = i_1^2\, Z_1$$

diejenige der Wanderwelle e'_1

$$p_1' = -\, e_1'\, i_1' = -\, \frac{e_1'^2}{Z_1} = i_2^2\, Z\,.$$

Da wir hier $p_1 = -\, p'_1$ haben, so ist $p_1 + p'_1 = 0$ wie bei der Ruhewelle, aus der sie entstanden sind. Der Energieinhalt der Wanderwelle 1 und 1' ist

$$U_1 = e_1^2 \frac{C_1\, l_0}{2} + i_1^2 \frac{L_1\, l_0}{2}$$

$$U_1' = e_1'^2 \frac{C_1\, l_0}{2} + i_1'^2 \frac{L_1\, l_0}{2}\,.$$

Da nun

$$e_1 = i_1 \sqrt{\frac{L_1}{C_1}}\,; \quad e_1' = i_1' \sqrt{\frac{L_1}{C_1}}\,,$$

so folgt

$$e_1^2 \frac{C_1\, l_0}{2} = i_1^2 \frac{L_1\, l_0}{2}$$

$$\frac{e_1'^2\, C_1}{2} = \frac{i_1'^2\, L_1}{2}\,.$$

Die Wanderwellen sind also dadurch gekennzeichnet, dass ihr elektrisches Feld stets denselben Energievorrat aufweist wie ihr magnetisches Feld. Eine Ruhewelle besitzt also nur den halben Energievorrat als eine Wanderwelle gleicher Spannung. Die Wanderung bei Abwesenheit von Verlusten erfolgt so, dass stets

$$U_1 + U_1' = U = \frac{e^2_{0x}\, C_1 l_0}{2} \quad \text{ist.}$$

Das im Zuge der Leitung folgende Leitungs-Element erhält seine Ladung stets aus dem Energievorrate der nächst vorherliegenden Elemente.

10. Reflexion der Wander-Wellen am Vereinigungspunkte zweier verschiedenartiger aber homogener Leitungen.

Verfolgen wir die Wellen weiter, so muss infolge der Verluste durch Ohm'schen Widerstand und Ableitung sowohl die Spannung als auch der Strom schliesslich bis auf Null abnehmen. Wir wollen von diesem zunächst nebensächlichen Verhalten absehen und untersuchen, was an Stellen passiert, wo die ursprüngliche Leitung 1 mit den Konstanten L_1 und C_1 in eine neue Leitung 2, mit den Konstanten L_2 und C_2 übergeht.

Die ursprüngliche Wanderwelle habe die Spannung e_1 und den Strom i_1. Der Einfachheit halber habe sie Rechteckform. Sie bewege sich in Richtung der wachsenden x. An der Stelle $x = l_1$ treffe sie auf die zweite Leitung mit den Konstanten L_2 und C_2. Dann wird diese allmählich geladen, indem in sie eine Spannungswelle e_2 und eine Stromwelle i_2 einzieht.

In Leitung 1 fliesse also die Spannungswelle e_1 und die ihr gleichphasige Stromwelle

$$i_1 = \frac{e_1}{Z_1}, \text{ wo } Z_1 = \sqrt{\frac{L_1}{C_1}}$$

der Wellenwiderstand der Leitung 1 ist. Die in die Leitung 2 einziehende Stromwelle i_2 hat die Grösse

$$\text{VII.} \qquad i_2 = \frac{e_2}{Z_2}$$

$$\text{wo} \qquad e_2 = i_2 Z_2$$

die in 2 einziehende Spannungswelle ist. In Leitung 1 floss vor Auftreffen auf den Unstetigkeitspunkt der Strom i_1. Die Leistung der ursprünglichen Wanderwelle in 1 ist also

$$\text{VIII.} \qquad p_1 = e_1 i_1 = \frac{e_1^2}{Z_1} = i_1^2 Z_1 \text{ und}$$

der Wanderwelle in 2,

$$p_2 = e_2 i_2 = \frac{e_2^2}{Z_2} = i_2^2 Z_2.$$

Ist nun $p_1 = p_2$, so fliesst alle ankommende Energie in 2 über, ist $p_1 > p_2$, so muss der Betrag $p_2 - p_1 = p_1'$ in die Leitung 1 zurückfliessen, also an der Uebergangsstelle reflektiert werden, damit an der Uebergangsstelle die gleichen Leistungen bestehen.

Offenbar muss in allen Fällen sein

$$p_1 + p'_1 = p_2 = p_1 - (p_1 - p_2).$$

Die Leistung p_1' fliesst in die Leitung 1 zurück und die ihr entsprechende Wanderwelle mag die Spannung e'_1 und den Strom i'_1 führen. Es muss p'_1 stets negativ sein, da selbstverständlich stets $p_1 \geq p_2$ ist. Damit nun das Produkt $e'_1 i'_1 = p'_1$, wenn es überhaupt auftritt, stets negativ wird, setzen wir

$$\text{IX.} \qquad e'_1 = - i'_1 Z_1.$$

Dann können wir zwei Fälle unterscheiden:

Fall a) i'_1 = positiv, e'_1 = negativ

Fall b) i'_1 = negativ, e'_1 = positiv.

Also können an der Uebergangsstelle die Beziehungen bestehen:

Abb. 30a) $e_1 - e'_1 = e_2$, $i_1 + i'_1 = i_2$

Abb. 30b) $e_1 + e'_1 = e_2$, $i_1 + i'_1 = i_2$.

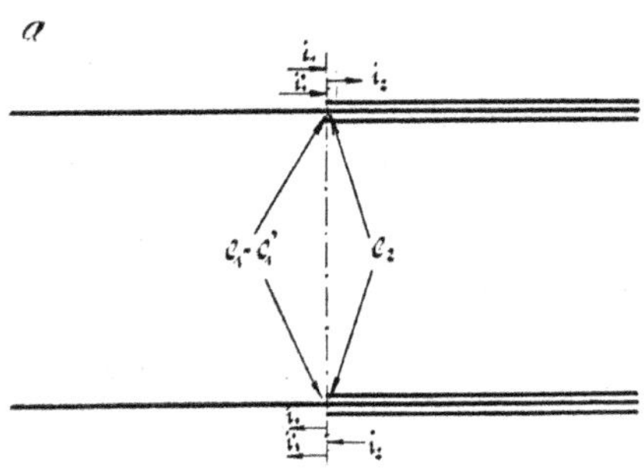

Abb. 30 a.

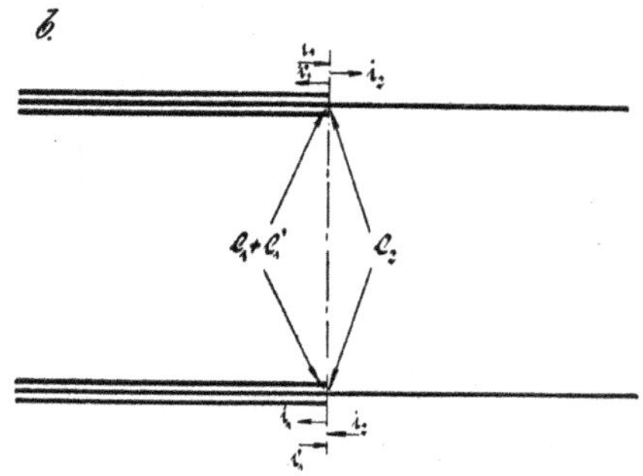

Abb. 30 b.

Wir fassen beide Fälle in eine Beziehung X zusammen und schreiben

$$\text{X.}\quad \left.\begin{aligned} e_1 + e_1' &= e_2 \\ i_1 + i_1' &= i_2 \end{aligned}\right\} \text{ worin stets } e_1' = -i_1' Z_1 \text{ ist.}$$

Hieraus ergibt sich, da $-i_1' = i_1 - i_2$ ist

$$e_2 = e_1 + (i_1 Z_1 - i_2 Z_1)$$

$$e_2 = e_1 + \left(e_1 - \frac{e_2}{Z_2} Z_1\right).$$

$$\text{XI.}\quad \left\{\begin{aligned} e_2 &= e_1 \cdot \frac{2 Z_2}{Z_1 + Z_2} \\ i_2 &= \frac{2 e_1}{Z_1 + Z_2}. \end{aligned}\right.$$

Der Uebertritt des Stromes i_2 erfolgt also einfach so, als arbeite eine Gleichstromquelle ($2e_1$) auf die beiden in Reihe geschalteten Wellenwiderstände Z_1 und Z_2. Zu beachten ist jedoch, dass Z_1 und Z_2 zwar die Dimension eines Widerstandes, aber keine Verluste im Gefolge haben. Der Strom durchfliesst sie verlustlos.

Mit Hilfe von XI wird

$$\text{XII.}\quad \begin{aligned} e_1' &= e_2 - e_1 = e_1 \frac{Z_2 - Z_1}{Z_1 + Z_2} \\ i_1 &= -\frac{e_1'}{Z_1} = -\frac{e_1}{Z_1} \cdot \frac{Z_2 - Z_1}{Z_1 + Z_2} = i_1 \cdot \frac{Z_1 - Z_2}{Z_1 + Z_2}. \end{aligned}$$

Wir wollen

$$q_e = \frac{Z_2 - Z_1}{Z_1 + Z_2} \quad \textit{den Reflektionsfaktor der Spannungswelle,}$$

und

$$q_i = \frac{Z_1 - Z_2}{Z_1 + Z_2} \quad \textit{den Reflektionsfaktor der Stromwelle}$$

nennen. Dann schreibt sich

$$\text{XII a.}\quad \left\{\begin{aligned} e_1' &= e_1 q_e \\ i_1' &= i_1 q_i = -i_1 q_e . \end{aligned}\right.$$

Wir kommen nun auf unsere Fälle a und b zurück und sehen a) e'_1 ist negativ, wenn $Z_2 < Z_1$ ist, dann i'_1 positiv, $i_2 > i_1$; $e_2 < e_1$, b) e'_1 ist positiv, wenn $Z_2 > Z_1$ ist; dann st i'_1 negativ, $i_2 < i_1$, $e_2 > e_1$ die Spannung steigt an der Uebergangsstelle.

Der Fall a liegt vor, wenn eine Wanderwelle aus einer Freileitung ($Z \sim 500$) in ein Kabel ($Z \sim 50$) übertritt. Man erkennt also, dass die Zwischenschaltung eines Kabels zwischen eine Maschinenwicklung und eine Freileitung einen vorzüglichen Schutz gegen Ueberspannungen für die Maschine darstellt, indem jede aus der Freileitung kommende Spannungswelle beim Eintritt in das Kabel auf ganz beträchtliche niedrige Werte herabgedrückt wird. Eine Wanderwelle e_1 von 100000 Volt läuft in dem Kabel nur mit

$$e_2 = \frac{2 \times 100 \cdot 000}{500 + 50} \cdot 50 = \frac{200\,000}{11} = 18\,200 \text{ Volt}$$

weiter.

Dieser enorme Schutzwert liegt lediglich in der grossen Kapazität des Kabels pro Längeneinheit begründet, und wird noch durch den Umstand vermehrt, dass erstens die Fortpflanzung der Welle im Kabel viel langsamer erfolgt, zweitens die Ableitung viel höhere Werte besitzt, als bei Freileitungen, und drittens infolge des grösseren Ladestromes der $i^2 r$ *Verlust weit grösser als in Freileitungen ausfällt.*

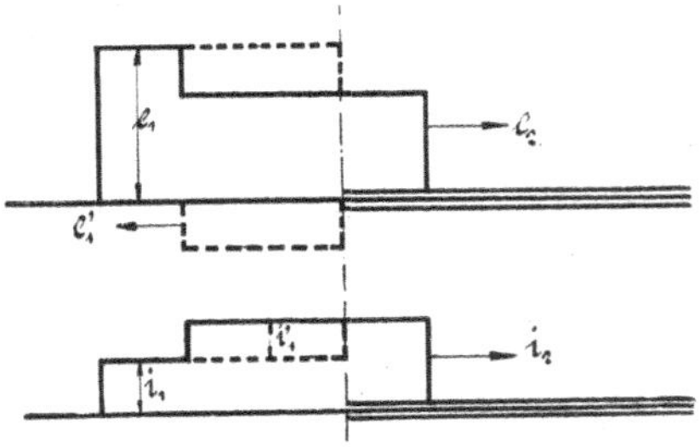

Abb. 31 a.

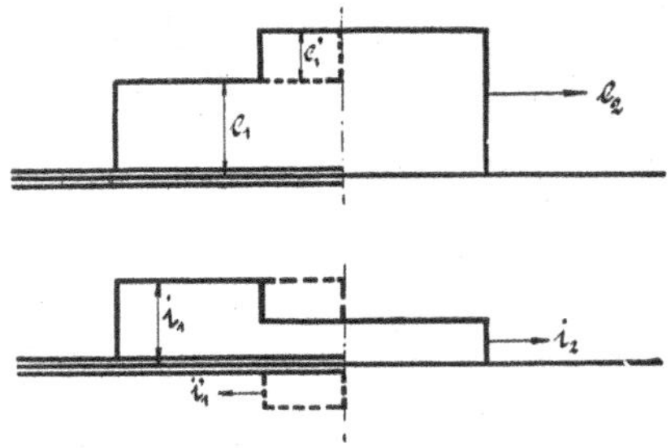

Abb. 31 b.

11. Uebergang von Ruhewellen in Wanderwellen beim Hinzuschalten von Leitungen.

Wir kamen zu dem Reflexionsgesetz, indem wir von der Erhaltung der Leistung der Wanderwellen im Uebergangspunkte ausgegangen waren. Liegt nun der Fall vor, dass an eine unter Spannung stehende Leitung eine zweite Leitung angeschaltet wird, so wird die zweite Leitung allmählich auf den Spannungswert der ersten Leitung geladen. Vor dem Einschalten bestand nun in der ersten Leitung, da sie an ihrem Ende offen war, kein Strom, sondern nur Ladung; sie enthielt also eine Ruhewelle und demzufolge auch, wie wir oben gezeigt haben, nur die halbe Energie pro Längeneinheit, als wenn eine Wanderwelle in ihr bestanden hätte.

In die neu hinzugeschaltete Leitung zieht jetzt eine Wanderwelle ein, die sich ebenfalls nach Gl. XII berechnen lässt, wir haben nur $i_1 = 0$ zu setzen. Wir finden so, dass die in 2 einziehende Spannung halb so gross ist, als wenn in 1 eine Wanderwelle statt einer Ruhewelle bestanden hätte.

$$e_2 = \frac{e_1 Z_2}{Z_1 + Z_2} \quad \text{immer} < e_1$$

$$e_1{}' = e_2 - e_1 = e_1 \frac{Z_2 - [Z_1 + Z_2]}{Z_1 + Z_2}$$

$$e_1{}' = - e_1 \cdot \frac{Z_1}{Z_1 + Z_2}.$$

Der zugehörige Strom ist

$$i_2 = \frac{e_2}{Z_2} = \frac{e_1}{Z_1 + Z_2}.$$

Um die Differenz $e_1 - e_2$ wird die Leitung 1 entladen, wobei eben der Strom $i'_1 = i_2$ entsteht. Die Erscheinung kommt also auf dasselbe hinaus, als wenn im Vereinigungspunkte eine Wanderwelle mit der Leistung $p_1{}'$ in die Leitung 1 zurückreflektiert würde. Es ist hierbei

$$p'_1 = e'_1 \, i'_1 = - \frac{e_1^2}{Z_1 + Z_2}.$$

Die reflektierte Welle läuft also vom Vereinigungspunkte ausgehend nach den Klemmen des die Spannung erzeugenden Generators zurück und erfährt hier, da die Leitungskonstanten der Generatorwicklung immer verschieden von denen der angehängten Leitung sein werden, eine Reflektion nach den Formeln, wie sie oben für die Wanderwellen angegeben sind.

12. Die Gefahr der Sprungwellen bei Maschinenwicklungen.

Charakteristisch bei dem Uebergang einer Wanderwelle aus der Leitung 1 in irgend eine Leitung 2 ist der Umstand, dass dabei die Form der Welle nicht geändert wird. Die in die neue Leitung eingehenden Wellen behalten also alle besonderen Merkmale der ursprünglichen

Welle bei. Ein solch besonderes Merkmal ist z. B. etwa das Vorhandensein einer schroff abfallenden Wellenstirne, so dass also zwischen unendlich nahen Punkten der Leitung sehr grosse Spannungssprünge auftreten können. Man nennt solche Wanderwellen daher auch Sprungwellen. Die in die Leitung einziehende Welle hat also dieselben Merkmale. Ist die Leitung 2 etwa die Wicklung einer Maschine und setzen wir voraus, dass wir trotz des Vorhandenseins der gegenseitigen Induktion die Maschinenwicklung in erster Annäherung doch als eine homogene Leitung ansprechen dürfen, so sehen wir, dass zwischen benachbarten Windungen der Wicklung ganz bedeutende Spannungsunterschiede auftreten können, die, nach den Reflexionsgesetzen für die Wanderwellen, noch dadurch erhöht werden können, dass der Wellenwiderstand der Wicklung bedeutend grösser ist als der Wellenwiderstand der Leitung, aus welcher die Wanderwelle kommt, um in die Maschinenwicklung einzutreten. Es wird also bei Maschinenwicklungen die Isolation zwischen den allerersten Windungen der Durchschlagsgefahr am meisten ausgesetzt sein, wie das ja auch erfahrungsgemäss konstatiert wird. Unsere Betrachtungen gelten streng genommen auch nur für die allerersten Windungen, denn durch das Auftreten der gegenseitigen Induktion wird die Gefahr für weiter zurückliegende Windungen vermindert, indem sie eben proportional mit dem Vordringen des Stromes in die Maschinenwicklung allmählicher auf Spannung gebracht werden. Eine in die Maschinenwicklung hineinziehende Welle wird also in Wirklichkeit wohl ihre scharfe Wellenstirne um so mehr einbüssen, je weiter sie fortschreitet. Das hindert aber nicht, dass die ersten Windungen immer am meisten gefährdet bleiben, insbesondere da bei ungleichzeitigem Einschalten der Wicklungsenden Reflektion der Spannungswelle am freien Wicklungsende eintritt.*) Damit dies nicht eintritt, ist also bei der Fabrikation mehrpoliger Schalter darauf zu achten, dass alle Kontakte gleichzeitig Kontakt machen. Trennschalter sind stets mehrpolig zu bauen und die Verwendung von Sicherungen tunlichst auf Niederspannungskreise zu beschränken. Das Einsetzen von Sicherungen unter Spannung ist zu vermeiden, da es in den einzelnen Phasen nur nacheinander vor sich gehen kann, und an den freien Wicklungsenden immer Reflexionen der Spannungswelle gibt. Aus diesen Ueberlegungen folgt bereits, dass eine Maschine mit Stabwicklung infolge der grossen Kapazität der Stäbe gegen Erde gegenüber der Kapazität der anschliessenden Leitung sich günstiger verhalten muss, als eine Maschinenwicklung mit dünnen und vielen Drähten pro Nute. Die Erfahrung hat auch in vielen Fällen dazu gezwungen, Hochspannungsgeneratoren, welche an Freileitungen angeschlossen waren, durch solche zu ersetzen, welche Stabwicklungen hatten und die erforderliche hohe Spannung durch Zwischenschaltung von Transformatoren erzeugten. Denn erfahrungsgemäss lässt sich eine Transformatorenwicklung immer besser isolieren und ist in sich viel homogener als eine Maschinenwicklung, deren Drähte teilweise von geerdeten Eisenteilen, teilweise von Luft (Spulenköpfe) umgeben sind. Es ist natürlich für die Gefährdung der Maschine ganz gleichgültig, ob die Wanderwelle etwa durch eine atmosphärische Entladung, oder durch eine reflektierte rücklaufende Welle entsteht. Man hat also bei Einschaltvorgängen den auftretenden rücklaufenden Wellen**) eine ebenso grosse Bedeutung beizumessen wie den atmosphärischen Ladewellen.

13. Prüfung von Maschinenwicklungen auf Festigkeit der Isolation gegen Sprungwellen.

Nach dem Gesagten ist es wünschenswert, die Maschinenwicklungen auf Festigkeit gegen Sprungwellen zu prüfen. Dies kann auf verschiedene Weise gemacht werden. Einmal kann man eine grössere Anzahl von Einschaltungen der Maschinenwicklung an die volle Netzspannung oder an eine etwas erhöhte vornehmen. Man hat jedoch hierbei darauf zu achten, dass immer im Maximum der Spannungskurve eingeschaltet wird. Mittelst Oelschalter lässt sich dies verhältnismässig leicht dadurch erreichen, dass man mittelst des Oelschalterhandrades die Kontakte langsam so nahe an einander bringt, dass die Netzspannung selbst die Einschaltung besorgen kann, indem sie die die Kontakte noch trennende Oelschicht durchschlägt.***)

*) Ausführlicheres siehe Kuhlmann, E. T. Z. 1908, S. 1123.
**) Rüdenberg, Zeitschrift für Elektrotechnik 1912, Heft 8.
***) Kuhlmann, Archiv für Elektrotechnik. Heft 13, Seite 527, 1913.

Ein gewöhnliches Einschalten, ohne auf den Momentanwert Rücksicht zu nehmen, hat keinen Wert, da man niemals weiss wie gross die Sprungwelle ist.

Eine zweite Methode besteht darin, dass man Kondensatoren auf die Prüfspannung — im allgemeinen mindestens der doppelte Wert des Maximalmomentanwertes der Betriebsspannungskurve — lädt, und diese Kondensatoren plötzlich auf die Wicklung zur Entladung bringt.

14. Überspannungsschutz durch Einfügung von Leitungsstücken höherer Kapazität.

Es ist wichtig, sich ein für alle Male zu merken, dass die Höhe der Spannungswelle jeder Wanderwelle, seien es nun direkte oder reflektierte Wellen, dadurch vermindert wird, dass man sie in Leitungen mit grosser Kapazität pro Längeneinheit übertreten lässt. Dieser Gesichtspunkt ergibt für Freileitungsnetze folgende wichtige Schutzanordnung für angeschlossene Maschinenwicklungen. Abb. 32. An die Klemmen der Wicklungen soll immer anschliessen ein ausreichendes Stück Kabel, dann vermittelst der Schalter die Freileitung. Diese endigt wiederum in einem Schalter, an den sich ein neues Stück Kabel anschliesst und daran erst wird die zweite Maschinenwicklung geschaltet, wenn es sich z. B. um eine einfache Maschinenanlage handelt. Durch diese Anordnung ist sowohl den direkten wie den reflektierten Wellen die Möglichkeit genommen, mit hohen Spannungswerten auf die Maschinenwicklung aufzutreffen. Es stellt diese Anordnung wohl den besten Ueberspannungsschutz dar, den wir ohne viel Kosten und Umstände gegenüber Wanderwellen erreichen können. In Kabelnetzen wäre diese Art des Schutzes so durchzuführen, dass man den an die Maschinenwicklung anschliessenden Kabelenden eine grössere Kapazität pro Längeneinheit gibt als den übrigen Kabeln; dies kann auch geschehen durch Parallelschalten mehrerer Kabel.

Abb. 32.

Die heute in Amerika bereits mehrfach angetroffene Trennung von Schalt- und Generatorstation führt ganz ungezwungen auf diese Schutzmethode, wenn man die Verbindungsleitungen der Stationen aus Kabeln macht.

15. Schutzwert von Reihen-Widerständen, Drosselspulen und Parallel-Kondensatoren.

Nicht immer reicht dieser rein mittelst Leitungen erzeugte Ueberspannungsschutz aus, da doch auch Spannungswellen auftreten können von solcher Höhe, dass selbst die Verminderung, welche sie in den Kabelstücken erfahren, nicht ausreicht, die Maschinenwicklung vor dem Durchschlag zu bewahren.

a) Schutzwirkung von Serien-Widerständen.

a) In solchen Fällen kann man durch Einschalten eines Ohm'schen Widerstandes in die Leitung eine noch weitere Reduktion der Höhe der übertretenden Welle erreichen, ohne allerdings die Wellenstirn günstiger zu gestalten. Man hat dadurch den weiteren Vorteil, dass der ankommenden Wanderwelle Energie in Gestalt von Joule'schem Verlust in dem Widerstande entzogen wird. In dem Ohm'schen Widerstande verursacht nämlich der in die Leitung 2 übertretende Strom i_2 einen Spannungsabfall, $i_2 r$, so dass jetzt der Wellenwiderstand Z_2 einfach um den Widerstand r vermehrt erscheint. Im Falle die ursprüngliche Welle eine Wanderwelle e_1, i_1 ist, bekommen wir im Anschlusspunkte des Widerstandes folgende Beziehung:

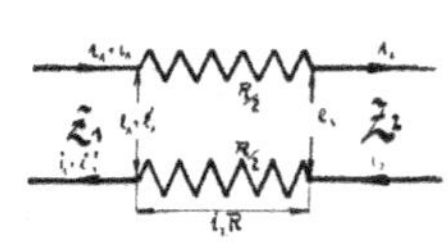

Abb. 33.

$$e_1 + e_1' = i_2 r + e_2$$
$$i_1 + i_1' = i_2$$
$$e_1' = - i_1' Z_1.$$

Aus diesen drei Gleichungen folgt:

$$e_2 = 2\,e_1 \frac{Z_2}{Z_1 + Z_2 + r} = 2\,e_1 \frac{Z_2}{Z_1 + Z}\,.$$

Die reflektierte Spannung beim Uebertritt einer Wanderwelle von 1 auf 2 wird:

$$e_1{}' = e_1 \frac{Z - Z_1}{Z + Z_1} = e_1 \frac{Z_2 + r - Z_1}{Z_2 + r + Z_1}\,.$$

Es kann also $e_1{}' = 0$ gemacht werden, wenn $r = Z_1 - Z_2$, also wenn der Unterschied in den Wellenwiderständen gerade ausgeglichen wird. In diesem Falle ist die übertretende Spannung

$$e_2 = e_1\,.$$

Aus den Formeln geht hervor, dass der Widerstand nur auf die Höhe, nicht auf die Gestalt der Wellenstirn in allen Fällen einwirkt, wo $Z_2 < Z_1$ ist, also wenn eine Freileitung in ein Kabel übergeht. Ein solcher Widerstand wirkt also nur in einer Richtung und in dem erwähnten Falle günstig auf die *reflektierte* Welle ein.

Das Einschalten eines Widerstandes hat den Nachteil, dass damit auch für den Betriebsstrom dauernd beträchtliche Energieverluste auftreten, trotzdem wir ihn nur zum Schutze gegen Wanderwellen brauchen. Als Ergänzung haben wir nun in den Drosselspulen und Kondensatoren solche Ueberspannungsschutzapparate, welche direkt auf die Gestalt der Wellenstirn der hindurchtretenden Welle einwirken.

b) Schutzwirkung von Serien-Drosselspulen.

In Abb. 34 ist eine Drosselspule von der Induktivität L in den Leitungszug eingebaut. Nach Abschnitt 2 *c* wirkt eine Drosselspule so, dass sie im ersten Moment die ganze auf sie auftreffende Spannung zurückwirft. Sie erhöht also die ankommende Spannung e_1 auf den Betrag $e_1 + e_1 = 2\,e_1$ im ersten Moment. Der hindurchgelassene Strom ist zunächst Null und steigt allmählich an, und mit ihm die Spannungswelle e_2, welche in die zweite Leitung einzieht. In demselben Masse, wie sich der Strom und die Spannung in der Leitung 2 erhöht, vermindert sich die auf die Leitung 1 zurücklaufende Spannung $e_1{}'$ bis zu dem Momente, wo die ganze Wanderwelle e_1 an den Klemmen der Drosselspule angekommen ist. In diesem Momente, Zeit $t = t_1$, befindet sich eine gewisse magnetische Energie in der Drosselspule aufgespeichert, und da die treibende Spannung e_1 plötzlich abgeschaltet erscheint, beginnt sich diese magnetische Energie nach beiden Seiten zu entladen, also sowohl auf die Leitung 1 als auf die Leitung 2.

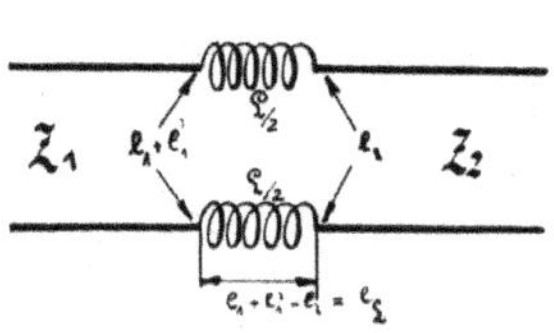

Abb. 34.

Analytisch können wir für diese Vorgänge die folgenden einfachen Beziehungen aufstellen, deren Ansätze zuerst von Erikson*) und später von Pfiffner**), Petersen***) und anderen gegeben wurden.

$$e_1 + e' = L\frac{di}{dt} + e_2$$

$$i_1 + i_1{}' = i_2$$

$$e_1{}' = i_1{}'\,Z_1$$

*) Erikson, Z. u. E. u. M., Wien 1912. S. 824 und 867.
**) Pfiffner, Z. u. E. u. M., Wien 1912. S. 978 ff., Heft 47.
***) Petersen, E. T. Z., 1913, Heft 7, 8, 9 und 10.

ausgerechnet, ergibt sich:

$$e_2 = e_1 \frac{2 Z_2}{Z_1 + Z_2}\left[1 - \varepsilon^{-\frac{Z_1 + Z_2}{L} t}\right].$$

Die höchste Spannung erreicht e_2 nach der Zeit $t_1 = \frac{x_1}{v_1}$, worin x_1 die Länge der ankommenden Wanderwelle e_1, i_1 und v_1 ihre Geschwindigkeit bedeutet. Es ist

$$(e_2)_{t = t_1} = e_1 \frac{2 Z_2}{Z_1 + Z_2}\left[1 - \varepsilon^{-\frac{Z_1 + Z_2}{L} t_1}\right].$$

Der Strom in der Spule L ist jetzt i_{2t_1} und die in ihr aufgespeicherte Energie:

$$u_{m t_1} = i_{2t_1}^2 \frac{L}{2}.$$

Diese Energie entlädt sich jetzt auf Leitung 1 und 2, und für die Zeit $t > t_1$ gelten folgende Beziehungen:

$$-\frac{d\left(i_{2t_1}^2 \frac{L}{2}\right)}{dt} = -i_2 \frac{L\, di_2}{dt} = i_2^2 Z_1 + i_2^2 Z_2,$$

also:

$$\frac{di_2}{i_2} = -\left(\frac{Z_1 + Z_2}{L}\right) dt, \text{ und da } \frac{di_2}{i_2} = + \frac{de_2}{e_2}$$

so wird für $t > t_1$

$$e_2' = e_{2t_1}\, \varepsilon^{-\frac{Z_1 + Z_2}{L}(t - t_1)};$$

$$e_2' = 2\, e_1 \frac{Z_2}{Z_1 + Z_2}\left[1 - \varepsilon^{-\frac{Z_1 + Z_2}{L} t_1}\right] e^{-\frac{Z_1 + Z_2}{L}(t - t_1)}.$$

Die reflektierte Welle ist für $t = t_1$

$$e_1' = e_1\left[\frac{Z_2 - Z_1}{Z_1 + Z_2} + \frac{2 Z_1}{Z_1 + Z_2}\, \varepsilon^{-\frac{Z_1 + Z_2}{L} t}\right].$$

Wir konstatieren, dass diese Welle immer positiv ist, wie wir auch L wählen, d. h. eine Drosselspule hat immer eine Erhöhung der Wanderwellenspannung in der Leitung zur Folge, aus welcher sie kommt. Nach der Zeit $t = t_1$ ist die reflektierte Spannung infolge der Entladung der Drosselspule:

$$e_1'' = i_2 Z_1 = -e_2' \frac{Z_1}{Z_2} = -2\, e_1 \frac{Z_1}{Z_1 + Z_2}\left[1 - \varepsilon^{-\frac{Z_1 + Z_2}{L} t_1}\right] \varepsilon^{-\frac{Z_1 + Z_2}{L}(t - t_1)}.$$

Die Abbildungen 35 stellen diese Verhältnisse graphisch dar.

Im Abschnitt 2 *c* war bereits darauf hingewiesen, dass der Stromanstieg in einer Drosselspule um so schneller erfolgt, je grösser die auf den Induktivitätskreis einwirkende Spannung ist. Wir sehen hier das ungünstige Ergebnis, dass sich die Natur gewaltsam hilft, um den Strom in die Leitung 2 hineinzupressen, indem sie die Spannung von dem Werte e_1 auf den Wert $2\,e_1$ bringt. Das ist eine ungünstige Wirkung der Drosselspule, die noch dadurch erhöht wird, dass zur Zeit

$t = \frac{1}{2} t_1$ an der Stelle, welche um $\frac{x_1}{2}$ vor

der Drosselspule und zwar auf der Leitung 1 sich befindet, ein Spannungssprung $2\,e_1$ auftritt. Befindet sich nun an dieser Stelle gerade ein Isolator oder eine sonstige schwache Stelle der Strombahn und wird diese Isolation zertrümmert, so entsteht hier ein Erd- oder ein Kurzschluss, der neue Gefahren heraufbeschwört. Daraus folgt, dass eine solche Drosselspule wohl die hinter ihr liegenden Teile schützen kann, dies aber nur unter Gefährdung der vor ihr liegenden Netzteile tut.

c. Schutzkondensatoren.

Unsere bisherigen Betrachtungen haben bereits gelehrt, dass wir in der Erhöhung der Kapazität nach der Maschine hin ein probates Schutzmittel haben. Dieser Vorteil, verbunden mit demjenigen, welchen Schutzkondensatoren zu bringen vermögen, enthebt uns einer weiteren Diskussion über die Frage, ob die Sammelschienen im Interesse des Ueberspannungsschutzes durch Einbau von Drosselspulen zu kompliziert werden dürften. Auf den Schutzwert der Kondensatoren hat der Verfasser bereits vor 6 Jahren deutlich hingewiesen,*) insbesondere auf den wichtigen Umstand, dass der Schutzkondensator nur einen langsamen Anstieg des Potentiales an den Maschinenwicklungen zulässt.

In Abb. 36 ist an der Uebergangsstelle einer Wicklung 1 in eine Maschinenwicklung 2 ein Schutzkondensator nach Erde abgezweigt. Der Ladestrom, den dieser aufnimmt, ist

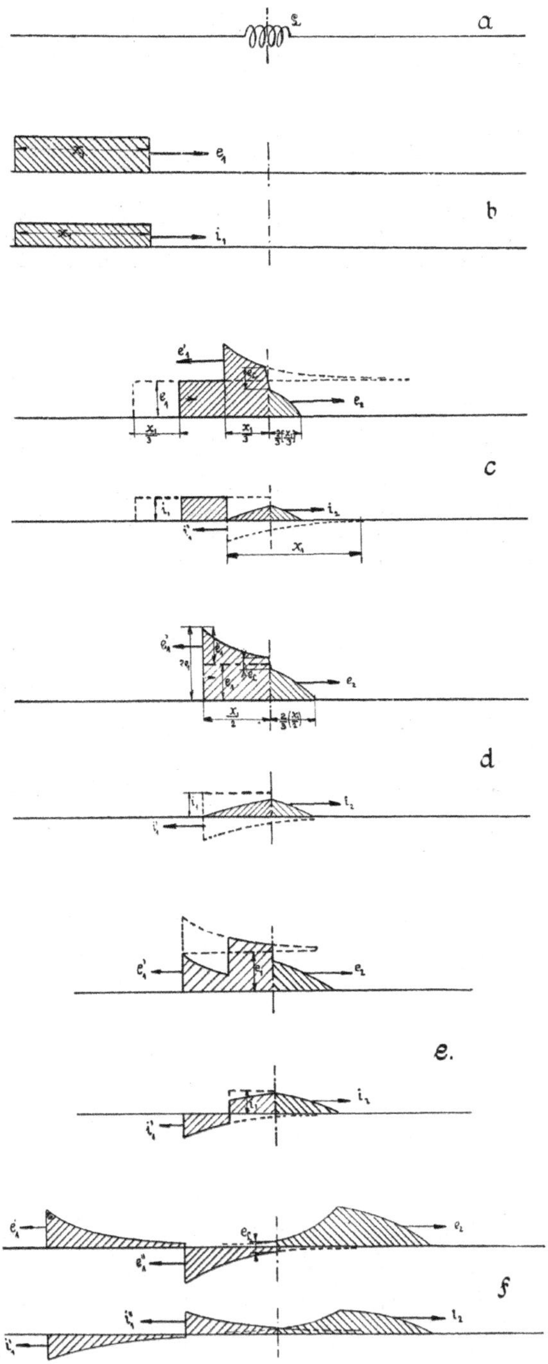

Abb. 35.

*) Kuhlmann, E. T. Z. 1908. S. 1147.

$$i_c = C \cdot \frac{de_2}{dt}.$$

Unter Berücksichtigung dieser Beziehungen ist die in die Leitung 2 einziehende Spannung

$$e_2 = e_1 \cdot \frac{2\,Z_2}{Z_1 + Z_2}\left(1 - \varepsilon^{-\frac{Z_1 + Z_2}{C \cdot Z_1 Z_2} t}\right)$$

Für $t = 0$ ist immer $e_2 = 0$, d. h. der Kondensator wirkt bei Vernachlässigung des Widerstandes der Zuleitung und Erdung zunächst wie ein Kurzschluss. Nach der Zeit $t = t_1$, wenn die Wanderwelle der Leitung 1 mit ihrem Ende bei *a* angekommen ist, hat e_2 seinen höchsten Wert erreicht

$$(e_2)_{t = t_1} = e_1 \frac{2\,Z_2}{Z_1 + Z_2}\left(1 - \varepsilon^{-\frac{1}{C}\left[\frac{1}{Z_1} + \frac{1}{Z_2}\right] t_1}\right)$$

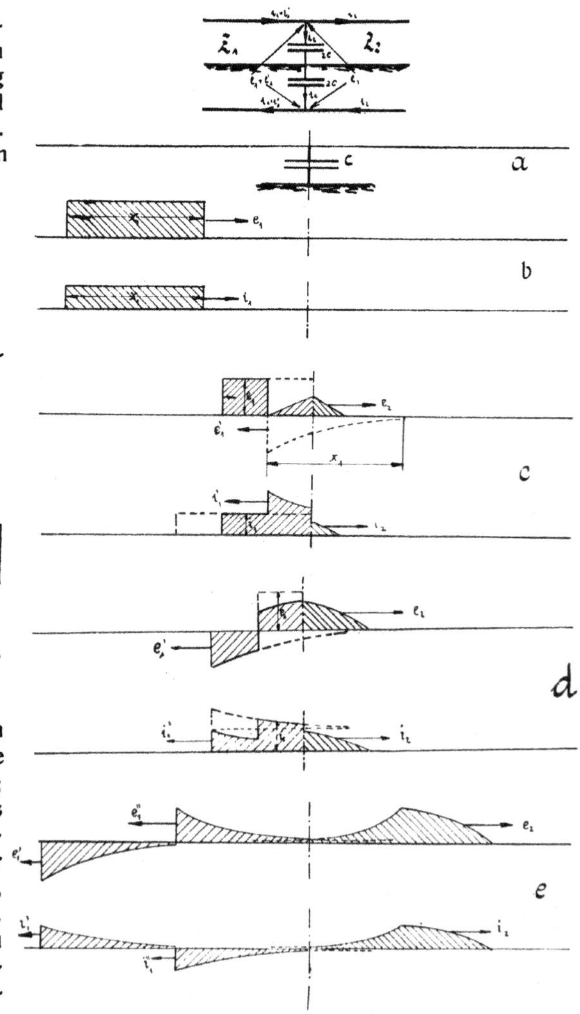

Abb. 36.

also um so kleiner, je grösser Z_1 gegenüber Z_2 und je grösser C ist. In Bezug auf die übertretende Spannung besteht zwischen Kondensator und Drosselspule also kein Unterschied. Beide sind einander gleichwertig, wenn

$$\frac{Z_1 + Z_2}{L} = \frac{1}{C} \cdot \frac{Z_1 + Z_2}{Z_1 Z_2} \quad \text{oder}$$

$$L = C Z_1 Z_2,$$

die dem Kondensator äquivalente Induktivität ist.

Die reflektierte Welle wird:

$$e_1' = e_2 - e_1 =$$

$$= e_1\left[\frac{2\,Z_2}{Z_1 + Z_2}\left(1 - \varepsilon^{-\frac{1}{C}\left[\frac{1}{Z_1} + \frac{1}{Z_2}\right] t}\right) - 1\right]$$

$$= e_1\left[\frac{Z_2 - Z_1}{Z_1 + Z_2} - \frac{2\,Z_2}{Z_1 + Z_2}\,\varepsilon^{-\frac{1}{C}\left[\frac{1}{Z_1} + \frac{1}{Z_2}\right] t}\right].$$

Für kleine Zeiten t, also auch für kurze Wanderwellen, ist das zweite Glied immer grösser als das erste; mithin ist e_1 immer negativ, besonders wenn $Z_1 > Z_2$ ist. Erst wenn die Wanderwelle sehr lang ist und Z_2 sehr gross gegen Z_1, ferner C relativ klein, dann kann e_1' auch positiv werden. Es empfiehlt sich also, um dies zu vermeiden, stets genügend grosse Kondensatoren einzubauen, damit der Kondensator sich nicht eher entlädt, als die ganze Wanderwelle den Anschlusspunkt erreicht hat. Die Zeit t_0, nach welcher dies eintritt, ergibt sich daraus, dass dann $e_1' = 0$ oder $e_2 = e_1$ wird. Wir finden:

$$t_0 = - C \frac{Z_1 Z_2}{Z_1 + Z_2} \log. \frac{Z_2 - Z_1}{2 Z_2}.$$

Für $\frac{Z_2}{Z_1} = \infty$ gibt dies:

$$t_0 = 0{,}7 \cdot C \cdot Z_1.$$

Also t_0 wächst mit C. Für $Z_2 < Z_1$, wo $\log. \frac{Z_2 - Z_1}{2 Z_2}$ imaginär und es kann niemals eine Umkehr der Welle e_1' ins positive Gebiet eintreten. Dieser Fall beweist nur, dass dann das C des Kabels (Z_2) alle überschüssige Ladung verschluckt. Ist x_1 die Länge der Wanderwelle, so sollte

$$t_0 \geqq \frac{x_1}{v_1} = x_1 \sqrt{C_1 L_1}$$

und somit

$$0{,}7\, C Z_1 \geqq x_1 \sqrt{L_1 C_1}$$

$$C \geqq x_1 \cdot 1{,}4 \sqrt{\frac{L_1 C_1}{\frac{L_1}{C_1}}} \geqq 1{,}4\, x_1 \cdot C_1 \text{ sein.}$$

Ein Schutzkondensator sollte also etwa das 1,4fache der Kapazität der zu schützenden Leitung haben, wenn er Wicklungen ($Z_2 = \infty$) schützen soll und die Wanderwelle die Länge der Leitung hat, aus der sie kommt. Bedenken wir jedoch, dass wir die Dämpfung seither nicht berücksichtigt haben, ferner dass stets am Anfange und am Ende einer Leitung Kondensatoren eingebaut werden, so wird es stets genügen, die Kapazität der Schutzkondensatoren gleich der halben der zugehörigen Leitungen zu machen, wenn sie zum Schutze von dünndrähtigen Wicklungen dienen sollen.

Es ist auch nicht ratsam, allzugrosse konzentrierte Kapazitäten in die Netze einzubauen, da der Betrieb eines Netzes ein plötzliches Einschalten der Leitungen erfordert, was bei grossen konzentrierten Kapazitäten nicht gefahrlos ist, wie wir im ersten Teile unserer Betrachtungen gesehen haben.

16. Verbesserung des Leitungsschutzes, Abb. 32, durch Einbau von Kondensatoren.

Zwischen einem Kondensator und einem Kabel besteht lediglich der Unterschied, dass das Kabel die Wellenstirn nicht beeinflusst, während der Kondensator sie allmählich ansteigend gestaltet. Durch Einfügung relativ kleiner Kondensatoren an dem Ende der Freileitung und der Maschinen-Wicklung kann man daher die Schaltung 32 noch verbessern (siehe Abb. 35).

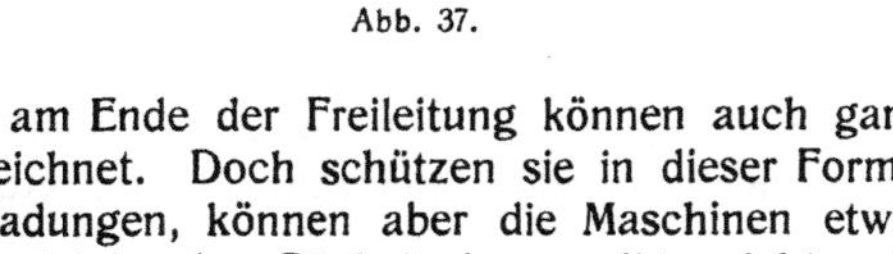

Abb. 37.

Die Kondensatoren am Ende der Freileitung können auch ganz entbehrt werden, sie sind daher punktiert gezeichnet. Doch schützen sie in dieser Form immerhin die Schalter bei atmosphärischen Entladungen, können aber die Maschinen etwa durch die beim Ausschalten der Freileitung entstehenden Rückzündungswellen nicht gefährden.

17. Unterschied zwischen Kondensator und Drosselspule in Bezug auf den Schutz der primären Leitung.

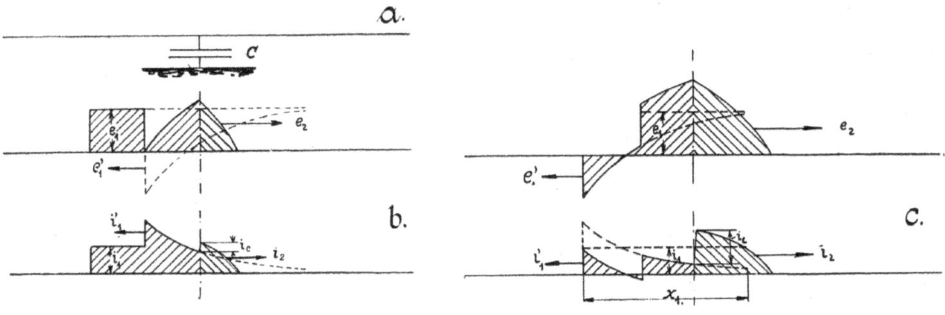

Abb. 38.

In der Abb. 38 ist die Wirkungsweise des Kondensatorenschutzes veranschaulicht, wenn die Kapazität c des Schutzkondensators so klein ist, dass die reflektierte Welle schon ihr Vorzeichen umkehrt, bevor die Wanderwelle e_1 vollkommen den Anschlusspunkt des Kondensators erreicht hat. Man erkennt, dass auf der primären Leitung nur Spannungssprünge vorkommen können, die gleich der Spannung der einfallenden Welle sind. Bei einer Drosselspule waren aber Spannungssprünge von $2\,e_1$ möglich.

18. Kombination aus Drosselspule und Kondensator.

Es ist mehrfach empfohlen worden, einen Schutz, wie ihn Abbildung 39 darstellt, zu verwenden. Ein solcher Schutz stellt ein schwingungsfähiges Gebilde dar und ist schon aus diesem Grunde mit grosser Vorsicht anzuwenden. Er kann noch gefährlicher werden, wenn etwa links von der ersten Drosselspule der Abbildung durch die reflektierende Wirkung der Drosselspule oder sonst irgendwo ein Durchschlag erfolgt, der in dem Kreise, Kondensator, Drosselspule, eine Eigenschwingung von bedeutender Frequenz hervorruft. Je nach den Energien, welche in Drosselspule und Kondensator im Momente des Einsetzens des Funkens bestehen, werden bedeutende Spannungen am Kondensator auftreten und die hinter dem Kondensator

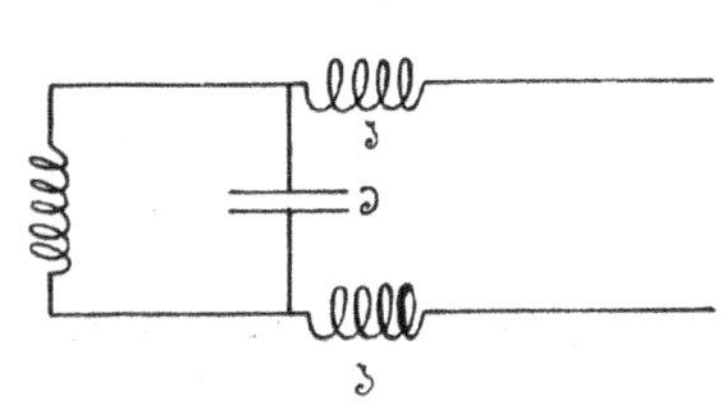

Abb. 39.

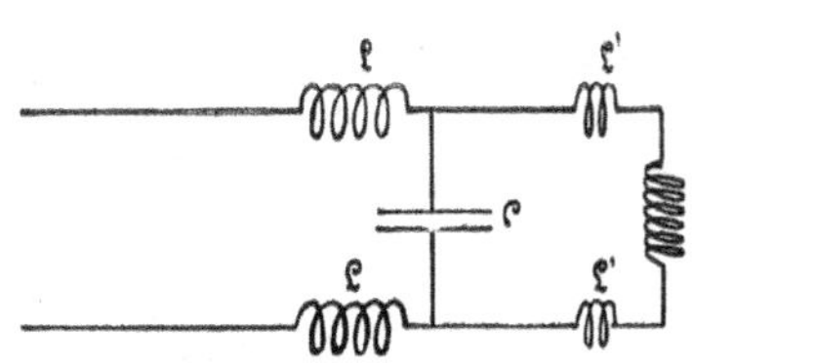

Abb. 40.

liegende Maschinenwicklung ist infolge direkter elektrischer Kopplung besonders an den ersten Windungen Gefahren ausgesetzt. Man muss daher durch Einschalten einer weiteren Drosselspule L' gewissermassen die ersten Windungen des Transformators nach aussen, in L' hinein, verlegen. Abb. 40. Einer solchen Schaltung kommt natürlich für die Zwecke der Starkstromtechnik keine Bedeutung bei, wenn es einem darauf ankommt, Komplikationen einzuschränken. Eine wertvollere Verbesserung der Schaltung *a* wird erreicht, indem die Drosselspule durch Widerstände überbrückt wird.*) Es ergibt sich dann umstehende Schaltung Abbildung 41. Die Ueberbrückungswiderstände verhindern einerseits das Auftreten bemerkenswerter Schwin-

*) Diese Schaltung ist ein Patent des italienischen Ingenieurs G. Campos.

gungen, anderseits kann, wie Biermann im Archiv für Elektrotechnik ausführt, eine mit Ueberbrückungswiderstand versehene Drosselspule den Schutzschalter, wie man ihn für Hochspannungstransformatoren verwendet, ersetzen. Diese Anordnung bietet dann noch den weiteren Vorteil, dass sie ankommenden Wanderwellen Energie entzieht.

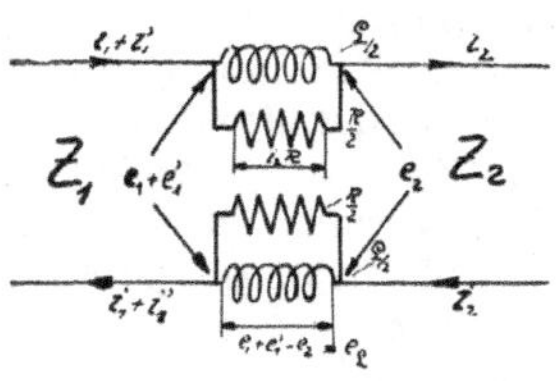

Abb. 41.

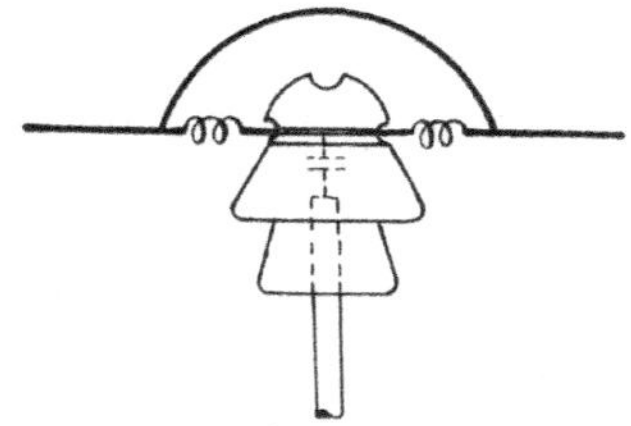

Abb. 42.

Der Amerikaner Goddard *) schützt Freileitungsisolatoren in der in Abb. 42 angegebenen Weise. Sie trägt also alle Merkmale der heutigen Ueberspannungspraxis bereits in sich.

19. Weitere Vor- und Nachteile der Einfügung grosser Induktivitäten in Leitungen.

Die unparteiische Stellungnahme zu der Frage, ob der Kondensator oder die Drosselspule das Empfehlenswertere sei, gebietet noch auf folgende Punkte hinzuweisen. Induktivität im Zuge von Leitungen sind ein probates Mittel, um die Entstehung grosser Kurzschlussströme in Wechselstromnetzen zu vermeiden. Dadurch nützen sie zweifellos, denn da die magnetische Energie eine von der Stromstärke quadratische, von der Induktivität aber nur einfach proportionale Abhängigkeit besitzt, so wird die bei Kurzschluss auftretende magnetische Energie durch den Einbau von Induktivitäten und damit die Höhe der Unterbrechungsspannung herabgesetzt. Weiter aber verzögert eine Drosselspule den Entladungsvorgang, indem sie den Strom in ihr nur allmählich auf Null absterben lässt und nicht so plötzlich wie eine gewöhnliche Leitung. Nicht verhindern aber kann eine Drosselspule, dass durch Unterbrechung eines Kurzschlusses an der Unterbrechungsstelle selbst einmal ganz bedeutende Spannungen — mindestens das zweifache des Wertes $J_k \sqrt{\frac{L_1}{C_1}}$ — auftreten, welche um so bedeutender ausfallen, je näher die Drosselspule an der Unterbrechungsstelle selbst liegt. Ein Lichtbogen unmittelbar an den Maschinenklemmen stellt bei plötzlicher Unterbrechung das Gefährlichste dar, was es gibt. Hier muss die Anlage also die höchsten Sicherheitsfaktoren aufweisen. Anderseits gehören Drosselspulen in die Nähe der Maschinen, damit bei Kurzschlüssen im Netz das Eindringen von Sprungwellen in die Maschinen verhindert wird. Wird die Induktivität kurzgeschlossen, so werden die hohen durch wiederholte Reflexion entstehenden Spannungen vermieden, während die Maschinen weniger geschützt sind, da „hinter" der Drosselspule ein Spannungssprung auftritt, wie wenn die Drosselspule nicht vorhanden wäre.

Petersen hat in der E. T. Z. 1913, Heft 7—10, den besondern Fall studiert, wo infolge von auftretenden Wanderwellenstössen die Induktivität einer Drosselspule in Resonanz geraten kann mit Kapazitäten, welche durch die Art des Netzes mit der Drosselspule in Reihe liegen, z. B. Sammelschienen. Dieser Fall deckt sich vollkommen mit dem vorhergehenden, denn es kann die Kapazität auch durch Sammelschienen und kurze Kabelstücke entstehen. Im Anschluss hieran macht auch Petersen den Vorschlag, alle solche Induktivitäten, die im Zuge der Leitung liegen, kurz zu schliessen und die Schutzdrosselspulen in die Sammelschienen zu verlegen, und empfiehlt dann noch weiter die Primärwicklungen von Stromwandlern zu überbrücken. Der Verfasser hat bereits 1906 Versuche darüber angestellt, in wie weit durch Ueberbrückungswiderstände oder parallelgeschaltete Funkenstrecken der Durchschlag von Windung zu Windung, seien sie nun im Primär- oder Sekundärkreis gelegen, verhütet werden kann, wenn Wanderwellenstösse (Kondensator-Entladungen) auf die Wicklungen treffen. Das Ergebnis war, dass es sowohl

*) Siehe Kuhlmann, Hochspannungsisolatoren, E. T. Z. 1910, Seite 87, Abb. 4.

durch Funkenstrecken als durch Kondensatoren oder Widerstände möglich ist. Es wurden auf Grund dieser Versuche die mit einer Blasspule versehenen Blitzableiter der AEG mit Parallelwiderständen, als der sichersten Anordnung, versehen. Die Erfahrungen, welche an den mit Ueberbrückungswiderständen versehenen Kabelschutzstromwandlern gemacht wurden, gegenüber den für Auslösungszwecke gemachten Stromwandlern, haben den Vorteil solcher Anordnungen erwiesen. Ist ein solcher Stromwandler vollkommen streuunglos und induktionsfrei belastet, so kommt seine Wirkung auf die eines gewöhnlichen Widerstandes im Zuge der Leitung hinaus. Bei Stromwandlern mässiger Hochspannung ist wegen der geringen Windungszahl daher eine Ueberbrückung nicht so notwendig wie bei Hochspannungsstromwandlern, welche eine bedeutende Streuspannung aufweisen können. Eine beträchtliche Drosselwirkung besitzen auch die Auslösespulen von direkt betätigten Hochspannungsölschaltern. Der Verfasser hat schon 1907 in der AEG durchzuführen gesucht, dass solche Auslösungsspulen durch Sicherungen überbrückt würden, wobei die Sicherungen auch im Sekundärkreis einer auf dem Magneten angebrachten Sekundärwicklung liegen konnten. Leider hat man dieser Konstruktion seither wenig Liebe entgegengebracht, trotzdem besonders die Erstere eine direkte Verbilligung der Auslösevorrichtung ermöglicht. An Stelle der Sicherungen waren auch Eisendrahtwiderstände erwogen worden.

20. Anordnung der Sammelschienen mit Rücksicht auf den Ueberspannungsschutz.

Eine grosse Bedeutung für den Ueberspannungsschutz besitzt auch die Anordnung der Sammelschienen relativ zu den abgehenden Netzleitungen und den Generatorenleitungen. Man soll die Anordnung stets so treffen, dass Ueberspannungswellen, welche aus einer der Netzleitungen kommen, ohne weiteres auf die Kapazität der übrigen Netzleitungen sich zerstreuen können, der Uebertritt in die Maschinenwicklung ihnen aber möglichst erschwert wird. Der Verfasser hat auf diese Anordnung in der E. T. Z. 1908*) deutlich hingewiesen und auch ihre Vorteile innerhalb der AEG bereits vertreten (Abb. 43).

Es sei hier auf einen Einwand hingewiesen, den Herr Prof. Dr. Klingenberg gegen diese Anordnung dem Verfasser gegenüber gemacht hat, wonach die allgemeine Sicherheit der Sammelschienen durch den Einbau von Drosselspulen leidet. Derartige Bedenken sind vom Standpunkte des Zentralenbaues durchaus begreiflich. Andererseits haben solche Drosselspulen den Vorzug, dass sie die Kurzschlussströme in Wechselstrom-Netzen ganz bedeutend einzuschränken vermögen und ausserdem erscheint es gerechtfertigter, statt der vielen, heute noch üblichen, inbezug auf ihren Schutzwert sehr zweifelhaften kleinen Drosselspulen, ganz wenige, grosse und solid konstruierte zu verwenden.

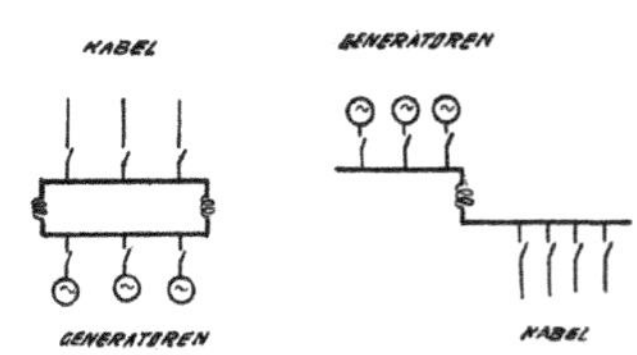

Abb. 43.

21. Zusammenfassung des über Drosselspule und Kondensatoren gesagten.

Fassen wir die Ergebnisse unserer Untersuchungen zusammen, so liegt die Summe der Vorteile, wenn man sich über Drosselspulen und Kondensatoren streiten will, theoretisch, wie gezeigt wurde, wohl mehr auf Seiten der Kondensatoren, wenn man voraussetzen darf, dass ihrem Einbau immer die nötige Aufmerksamkeit gewidmet wird und die Kondensatoren selbst einen, im Vergleich zur Netzisolation hohen Sicherheitsfaktor haben. Zweckmässiger als die reinen Kondensatoren scheint dem Verfasser eine Kombination aus Kabel und Kondensatoren zu sein, unter Vermeidung jeglicher Art von Drosselspulen im Zuge der Leitung, da man so den Störungen eher aus dem Wege gehen kann, welche eine konzentrierte Kapazität, besonders in Wechselstromnetzen, hervorrufen kann. Für die Installation erscheint auch ein Kondensator den Vorteil zu haben, dass er quer zur Leitung liegt und durch entsprechende Sicherungen, im Falle eines Defektwerdens, verhältnismässig leicht ausser Betrieb gesetzt werden kann. Ausserdem hat er keinen

*) Kuhlmann, E. T. Z. 1908, Seite 1123.

unnützen Spannungsabfall in der Leitung zur Folge. Ein Nachteil eines Kondensators ist, dass bei einem Schutz für Ausgleichsvorgänge, bei welchem die Kapazität der Leitungen und Wicklungen gegen Erde in Frage kommt, eine gute Erdung des Kondensators notwendig ist. Seine Anwendung wird sich daher vornehmlich beschränken auf Stationen, wo eine leichte Ueberwachung der Erdungsstellen möglich ist. Da bei der Unterbrechung von Kurzschlüssen eine nicht überbrückte Drosselspule die Ladewelle aufs doppelte erhöht, so kann ein Ueberschlag an den Klemmen einer Drosselspule dadurch fast zur Sicherheit werden; daher auch das Versagen so mancher Schalter mit direkt betätigten Auslösemagneten. Auslösevorrichtungen von Oelschaltern für grössere Agregate sollten nur durch Gleichstrom betätigt werden oder die Auslösespulen durch Sicherungen überbrückt werden, welche beim Durchbrennen erst die Induktivität der Auslösevorrichtung in den Stromkreis einschalten. Der ideale Schutz aber wird immer darin bestehen müssen, ein Netz derart zu gestalten, dass gefährliche Wanderwellenladungen auf ein Raumgebiet möglichst grossen elektrischen Fassungsvermögens (Kapazität) zerstreut werden. Dieses kann nur durch allmähliche Vergrösserung der Kapazität, über welche sich die Welle entlädt, erreicht werden. Ja, es ist der Fall denkbar, dass der Uebergang von einer Kapazität zu einer grösseren so allmählich vor sich geht, dass ohne Reflexion schliesslich die anfängliche Ladung sich nur unter sehr kleinen Spannungswerten im Netz zerstreut befindet, um dann durch die immer vorhandene Ableitung G schliesslich zerstört zu werden, wie Wasser im Erdboden versickert, welches man in Schutzbecken zur Zeit der Flut aufgefangen hat. Dem gegenüber steht das andere Extrem, wo durch allmähliches Erhöhen der Induktivität die Spannung auf immer höhere Werte transformiert wird, um schliesslich im Glimmlicht oder im Widerstand vernichtet zu werden. Diesen letzteren Schutz, der sog. „Brandungsschutz", hat vor einiger Zeit Rüdenberg empfohlen. Eine praktische Ausführung dieses Schutzes dürfte jedoch auf beträchtliche Schwierigkeiten stossen.

22. Rückzündungen bei Einschaltvorgängen infolge von Ueberspannungen, Schalterexplosionen.

Auf dem Diskussionstage des Schweizerischen Elektrotechnischen Vereins, welcher am 7. Juni 1914 in Olten stattfand, hat der Verfasser*) auf eine Erscheinung hingewiesen, welche, wie in Kapitel 20 bereits bemerkt, schon 1907 ihn veranlasste, die Auslösespulen von direkt betätigten Oelschaltern durch Sicherungen kurz zu schliessen. Angenommen nämlich, ein Oelschalter mit nicht überbrückter Auslösespule schaltet einen Kurzschlusstrom i_k plötzlich ab. Die allgemeine Annahme, dass Oelschalter immer im Nullwerte ausschalten, trifft ja erfahrungsgemäss nicht immer zu, sondern hängt von der Grösse des auszuschaltenden Stromes mit ab. Erfolgt nun die Ausschaltung des Stromes i_k relativ plötzlich $\left(\frac{di_k}{dt} = \infty\right)$ so setzt sich, ausgehend von dem Kontakte des Schalters, die magnetische Energie $i^2_k \frac{L}{2}$ der Leitung in elektrische um und es läuft eine entsprechende Spannungswelle von den Kontakten nach der Energiequelle zurück. Trifft nun diese Welle, wie es in Abbildung 40 dargestellt ist, auf die Auslösespule des Oelschalters, so wird sie hier auf den doppelten Wert hinauftransformiert und läuft wieder zu dem Schalterkontakte zurück. Innerhalb dieser kurzen Zeit können sich diese Schalterkontakte nun kaum weiter von einander bewegt haben und die trennende Oelschicht wird von der nunmehr doppelt so hohen Spannung als im Momente des Ausschaltens, von neuem durchschlagen. Es tritt eine Rückzündung ein, wobei zunächst die Hälfte der in der Auslösespule des Schalters aufgespeicherten magnetischen Energie sich in dem Funken in Wärme umsetzt und das, an und für sich schon stark verrusste Oel noch weiter in seiner Isolierfähigkeit herabsetzt. Dieser Vorgang kann sich nun sehr wohl mehrere Male hintereinander wiederholen, bis schliesslich die definitive Abschaltung unter Explosion des Schalters erfolgt (Abb. 44).

---

*) Siehe auch die etwas später in der E. T. Z. 1914, Heft 25 erschienene Arbeit von Petersen über Rückzündungsüberspannungen.

In wieweit nun diese Vorgänge durch ein betriebsmässiges Ueberbrücken der Auslösespulen mittels Sicherungen oder Widerständen günstig beeinflusst werden, lässt sich natürlich kaum mit Sicherheit voraussagen. Es ist aber anzunehmen, dass die Auslösespule betriebsmässig praktisch stromlos bleibt, man kann ihr infolgedessen einen viel höheren Ohm'schen Widerstand geben, als ohne Anwendung der Ueberbrükkung, was auf den Ausschaltvorgang günstig wirken muss, da im Augenblick des Durchbrennens der Sicherung eine Induktivität mit hohem Ohm'schen Widerstande dem Schalter vorgeschaltet wird. Er wirkt also genau so wie ein Stufenschalter, ohne seine konstruktiven Nachteile.

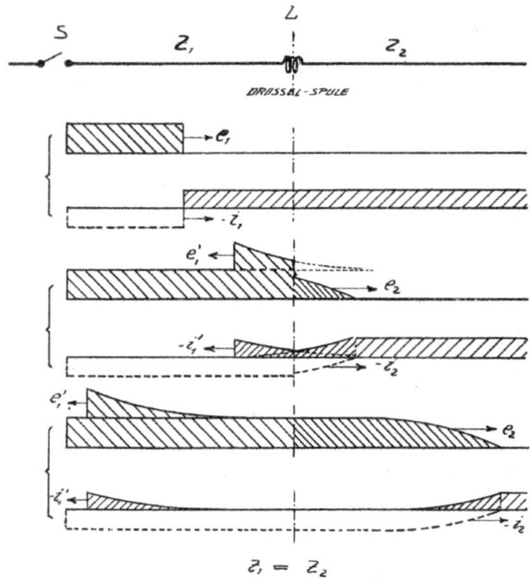

Abb. 44.
Entwicklung der Rückzündungsüberspannung in einem Schalter infolge einer Drosselspule (Auslösespule), welche vor dem Schalter liegt.

In der E. T. Z., Heft 25, 1914, weist Petersen ebenfalls auf Rückzündungen hin, welche beim Einschalten von insbesondere schwachbelasteten Kabeln und Freileitungen eintreten können. Gleiches gilt überhaupt von Stromkreisen, welche Ströme führen, die eine grosse Phasenverschiebung gegenüber der kleineren Spannung besitzen, z. B. leerlaufende Transformatoren. Da Ladestrom und Spannung 90^0 Phasenverschiebung haben, so wird, wenn zufällig die Abschaltung genau im Nullpunkte des Stromes erfolgt, bei der abgeschalteten Leitung noch eine dem Maximalwerte der Netzspannung entsprechende Ladung zurückbleiben. Nach einer halben Periode besitzt aber die mit dem Netz verbundene Klemme des Oelschalters das entgegengesetzte Potential und die zwischen den abgeschalteten Kontakten befindliche Oelschicht wird jetzt der doppelten Spannung ausgesetzt und von dieser durchbrochen. Es tritt also wie im obigen Falle eine Rückzündung ein. Besitzt ein Transformator merkliche Kapazität, so dass Leerlaufstrom und Spannung angenähert in Phase sind, so treten solche Rückzündungen weniger leicht auf, da bei Abschaltung im Nullpunkte des Stromes auch die Spannung des Transformators Null ist. Die Rückzündung ist also weiter nichts als wie eine nochmalige Einschaltung, und dieser Fall ist von dem in Kapitel 4 behandelten Falle nicht verschieden. Die maximal hierbei auftretende Spannung ist, wie dort gezeigt, gleich dem 3fachen der *Phasenspannung*, wenn wir gleichmässige Isolation in allen Phasenleitungen annehmen dürfen. Auch Petersen kommt zu dem Schluss, dass die 3fache Spannung im allgemeinen auftritt, misst aber augenscheinlich diesen Spannungen eine zu gefährliche Wirkung bei. Wir müssen uns hierbei vor Augen halten, dass in Freileitungsnetzen noch weit höhere Spannungen als das 3fache im Momente des Einschaltens auftreten können, wenn die eingeschaltete Leitung bereits atmosphärische Ladung aufwies. Hierbei können ganz ausserordentlich hohe Ueberspannungen auftreten, und zwar an den verschiedenen Leitungen verschieden hoch. Es kann sich ereignen, dass aus einer Leitung

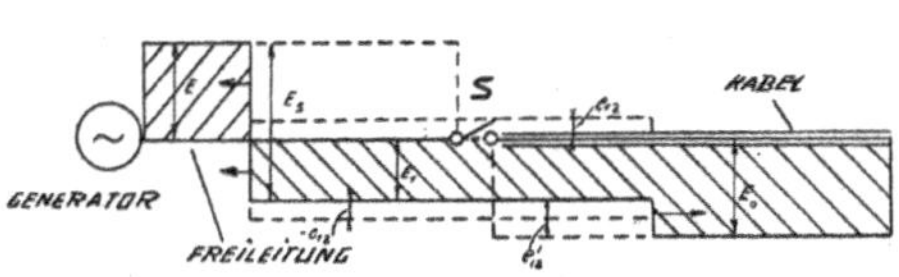

Abb. 45.
Die Rückzündungsüberspannung E_s wandert von der hinzugeschalteten Leitung fort nach der Maschine hin.

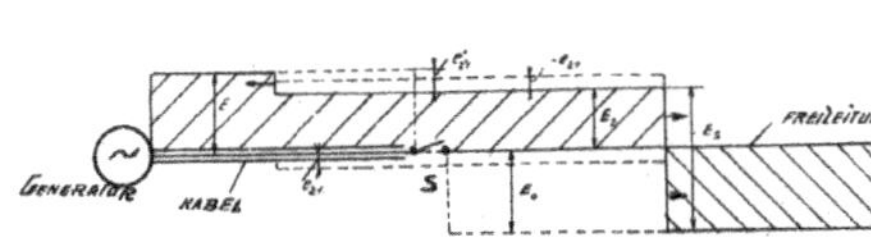

Abb. 46.
Die Rückzündungsüberspannung E_s wandert in die hinzugeschaltete Leitung hinein, also von der Maschine fort.

Funken nach Erde überschlagen, während die andern Leitungen vollkommen ungefährdet erscheinen. Der Grund liegt in dem Vorzeichen der Anfangsladungen gegenüber den aufgedrückten Spannungen.

Die Rückzündungsüberspannungen e_s (Abb. 45 und 46) fallen nun ganz verschieden aus, je nachdem die abgeschalteten Leitungen eine höhere oder eine kleinere Kapazität als die mit der Energiequelle in Verbindung gebliebene Leitung besitzt. Im ersteren Falle wandert ein Spannungssprung von etwa der doppelten Spannung zur Energiequelle zurück, im zweiten Falle wandert dieser Sprung nach dem Ende der hinzugeschalteten Leitung. Hieraus ergibt sich, dass das Mittel, welches in Kapitel 17 angeführt war, nämlich die Erhöhung der Kapazität der Maschinenleitung, auch für diesen Fall nur günstig ist. Die in Abb. 41 eingeschriebenen Spannungen berechnen sich nach Kap. 11 folgendermassen:

$$e_{12} = E \cdot \frac{Z_2}{Z_1 + Z_2} \quad \text{und, wenn } E_0 = \quad E, \text{ so wird } e_{21} = E_1 + e_{12} = E_0 \frac{Z_1}{Z_1 + Z_2}.$$

Der Spannungssprung e_s auf der Freileitung ist $e_s = E + E_1$ desgleichen auf dem Kabel

$$e'_{12} = -E_E \frac{Z_2}{Z_1 + Z_2} - E \frac{Z_2}{Z_1 + Z_2} = -2e_{12}.$$

23. Besondere Massnahmen gegen Ueberspannungen atmosphärischen Ursprungs.

So weit der Schutz von Freileitungsnetzen durch vorstehende Betrachtungen nicht schon erledigt ist, muss eine Freileitung gegen statische Ladung geschützt werden. Hierfür gibt es fünf Wege:

1. Wasserstrahlerdung;
2. Erdung durch feste Widerstände;
3. Erdungsdrosselspulen;
4. Erdung des Nullpunktes von Generatoren;
5. Besondere Funkenableiter, elektrostatische Entlader.

Dem Vorteil der induktionsfreien Ableitung bei 1 steht der Nachteil hohen Energieverbrauches gegenüber. Dem Vorteile geringen Energieverbrauches bei 3 der Nachteil geringer Schutzwirkung, da der Abfluss einer Ladung, ob es nun eine gleichgerichtete oder wechselnde Ladung ist, durch eine Drosselspule nur verzögert werden kann, besonders wenn diese mit Rücksicht auf geringen Energieverbrauch eine grosse Induktivität besitzen muss. Nebenbei ist der Preis solcher Drosselspulen kein unbedeutender und die Isolierung muss vorzüglich sein. Die festen Erdungswiderstände sind besonders bequem in Niederspannungsnetzen, da sie durch einfache Karborundumstäbe gebildet werden können. Um den ständigen Energieverbrauch bei Hochspannungsnetzen zu vermeiden, hat der Verfasser 1906 sog. elektrostatische Entlader (s. Hochspannungsliste der A E G) konstruiert, welche im wesentlichen nach dem Prinzip der gewöhnlichen Hörnerblitzableiter funktionieren, bei denen aber die Hörner in beweglichen Elektroden enden, welche sich bei statischen Ladungen infolge Anziehung soweit nähern, dass bereits eine die Netzspannung etwas überschreitende Potentialdifferenz den Funken überspringen lässt und so die Entladung der Leitung schnell ermöglicht. Als Entladungsstrom wird dabei bis zu höchstens 3 Ampère zugelassen. Der Verfasser hatte diese Apparate seiner Zeit konstruiert, um damit zu erforschen, ob die Hauptstörungsursachen bei Freileitungen auf die langsamer aufkommenden statischen Ladungen oder auf plötzliche atmosphärische Entladung zurückzuführen wären. Der Abstand zwischen den beweglichen Elektroden ist im normalen Betriebe so gross, dass ein Ansprechen dieser Ableiter nicht möglich ist; es sind dem Verfasser persönlich Fälle bekannt, wo solche Ableiter lange vor Auftreten eines Gewitters Entladungen vornahmen. Leider ist es ihm trotz vielfacher Bemühungen nicht möglich gewesen, einwandfreie Betriebsergebnisse zu sammeln. Die Erdung des Generatornullpunktes über einen Widerstand könnte für den Ueberspannungsschutz nur vorteilhaft sein.

24. Zweck und Nutzen der Schutzdrähte.

Geerdete Schutzdrähte über den Freileitungen verursachen zunächst eine Erhöhung der Kapazität der Freileitung pro Längeneinheit. Unter sonst gleichen Verhältnissen verhält sich eine Freileitung **ohne** Schutzdraht gegen statische Ladungen schon ungünstiger als eine Freileitung **mit** Schutzdraht. Erfolgt aber eine Entladung der Wolke, an deren Vorhandensein die statische Ladung auf der Leitung gebunden ist, so setzt sich diese auch sofort in Bewegung. Ist ein Schutzdraht etwa nur an seinen Enden geerdet, die Freileitung aber vollkommen von Erde isoliert, so kann die auf der Schutzleitung sich befindende Ladung, sobald sie in Bewegung gerät, auf rein induktiven Wege die Ursache von Ueberspannungen in der Freileitung werden.

Diese ungünstige Wirkung des Schutzdrahtes kann nur dadurch beseitigt werden, dass er an recht vielen Stellen geerdet wird, damit die Vernichtung der Ladung schnell erfolgt. Wird anderseits die Freileitung von einer Blitzentladung getroffen, so wirkt die durch den Schutzdraht vergrösserte Kapazität pro Längeneinheit nur günstig auf die entstehenden Wanderwellen ein. Diese werden schneller abklingen, die Spannungswellen haben eine geringere Höhe, und an je mehr Stellen die Schutzleitung geerdet ist, an umso mehr Stellen wird durch seine induktive Kopplung nach Art eines Stromwandlers mit grosser Streuung der Wanderwelle Energie entzogen. Die Wirkung geerdeter Schutzdrähte wird also um so grösser ausfallen, je mehr solcher Schutzdrähte vorhanden sind, wobei aber nicht zu vergessen ist, dass bei der induktiven Wirkung mit dem Schutzdraht, als dem primären Teil, die Freileitung ungünstiger dasteht. Hierin mögen zum Teil die widersprechenden Erfahrungen mit Schutzdrähten ihre Erklärungen finden. Sie lässt sich also rechnerisch mit Zahlen nicht ohne weiteres belegen, sondern kann nur durch Versuche oder Erfahrungen festgestellt werden. In mechanischer Hinsicht werden Schutzseile stets etwas unerwünschtes sein, was die Erfahrung auch gelehrt hat.

25. Funkenableiter.

Die Funkenableiter haben sich vornehmlich ihres geringen Preises wegen stark in die Praxis eingebürgert. Ihr Schutzwert wird durch den Entladeverzug, den nicht jonisierte Funkenstrecken besitzen, sowie durch den der Entladung nacheilenden Betriebsstrom beeinträchtigt. Auch kann die Entladung einer Wanderwelle bei Spannungen über 10 000 Volt fast nie reflexionslos erfolgen, weil man Stromstösse von mehr als 10 oder 20 Ampère nur bei ganz grossen Netzen wird zulassen können. Werden Funktenstrecken verwendet, so sind solche mit Hilfselektroden vorteilhafter. Einen Schutz gegen die durch Wanderwellen ausgelösten Wicklungsschäden bieten Hörnerfunkenableiter wohl nur in den Fällen, wo durch ausreichende Drosselspulen die Zündspannung am Ableiter künstlich in die Höhe getrieben wird.

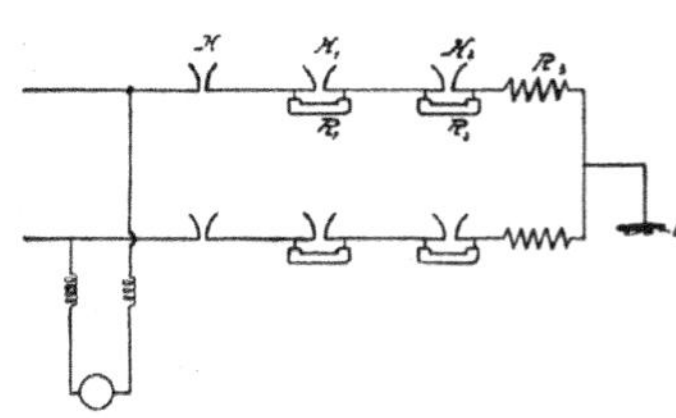

Abb. 47.

Von verschiedenen Seiten sind Schutzschaltungen empfohlen worden nach Abb. 47.

Die Anordnung ist so gedacht, dass heftige Entladungen über die in Serie gelegenen Funkenstrecken und den Widerstand R_3, der der Leitungscharakteristik genau angepasst werden könnte, erfolgen, während weniger hohe Ueberspannungen sich unmittelbar über die erste Funkenstrecke und die Widerstände R_1 R_2 R_3 ausgleichen sollen. Die Unterbrechung im ersten Fall soll dann so erfolgen, dass zuerst die Funken an den Ableitern $H_3 + H_2$ verlöschen und zuletzt der bei H_1. Die Abschaltung des Betriebsstromes würde dabei in Stufen erfolgen und damit den Nachteilen einer plötzlichen Unterbrechung der Gesamtenergie vorgebeugt werden. Wirklich einwandfreie Betriebsergebnisse sind dem Verfasser nicht bekannt geworden.

Die Einstellung der Funkenableiter soll bei nicht gerodetem Nullpunkt der Generatoren oder Transformatoren so getroffen werden, dass die Funkenstrecke nur von Spannungen überbrückt werden kann, die höher als die verkettete Netzspannung ist.

Man hat ein schnelleres Abreissen des Funkenstromes dadurch zu erreichen gesucht, dass man mehrere Funkenstrecken in Reihe schaltet. In wie weit dadurch die Ansprechspannung bei drei in Reihe geschalteten Hörnerableitern für 77,000 Volt beeinträchtigt wird, zeigt folgende Versuchstabelle:

Funkenstrecke (spricht an. bei einer Gesamtspannung von e Volt)					
a	e	b	e	c	e
10 mm	29 000	10 mm	32 000	10 mm	32 000
20 „	51 000	20 „	53 000	20 „	53 000
30 „	59 000	25 „	61 000	20 „	61 000
{40 „	68 000	30 „	74 000	20 „	74 000
{40 „	70 000	30 „	75 000	30 „	75 000
30 „	62 000	40 „	78 000	60 „	80 000
40 „	65 000	50 „	80 000	70 „	81 000
60 „	94 000	40 „	94 000	30 „	94 000

Vergleicht man die Zahlen mit der Ueberschlagsspannung einfacher Funkenstrecken von gleicher Weite wie die Summe aller dreier in obiger Tabelle, so ergibt sich, dass letztere um etwa 10 % höher liegt; dafür bietet die Unterteilung der Funkenstrecke den Vorteil, dass die Gesamtlänge des Lichtbogens etwas grösser ausfällt und damit die Dämpfung.

Die Schaltung der Funkenableiter ist nicht ganz gleichgültig. Gewöhnlich werden sie ausschliesslich in Stern geschaltet und der Sternpunkt geerdet. Daneben sollte man aber auch Funkenableiter in Dreieckschaltung vorsehen. Diese letzteren haben z. B. eine grosse Bedeutung für die in Kapitel 8 erwähnten Ueberspannungen bei Kurzschlüssen der Transformatoren. Es ist keineswegs ratsam, sich mit der einfachen Sternschaltung der Ableiter zu begnügen, denn erstens ist diese Schaltung immer unempfindlicher, da zwei Funkenstrecken in Reihe liegen und zweitens tritt beim Ansprechen eines zwischen Leitung und Erde liegenden Ableiters immer gleichzeitig eine starke Verschiebung der Leiterpotentiale ein, wodurch sehr wohl wiederum neue Schwingungs- und Ueberspannungserscheinungen ausgelöst werden können. Vom installationstechnischen Standpunkte aus erfordern die Hörnerfunkenableiter sehr viel Platz, wenn durch den aufsteigenden Lichtbogen Feuersgefahr vermieden werden soll.

26. Aluminium-Zellen.

Im Gleichstromnetze jeglicher Spannung und für Wechselstromnetze bis ca. 110 Volt kann man Aluminium-Zellen ohne Funkenstrecken direkt ans Netz anschliessen und bieten für Niederspannungsnetze wegen ihrer grossen Kapazität einen ausgezeichneten Schutzapparat.

27. Ausführung von Installationen bei Hochspannung.

Die Monteure sind heute fast immer noch gewöhnt, ihre von den Niederspannungsanlagen übernommenen Verlegungsmethoden von Schaltdrähten ohne weiteres auf Hochspannung zu übertragen. Das Wesen dieser Methode ist gekennzeichnet durch die rechten Winkel, in denen die Drähte bei Richtungsänderungen abgeknickt werden. Wir haben gesehen, dass die Fortpflanzung elektrischer Erscheinungen längs Leitungen nur dann reflexionsfrei verläuft, wenn die Homogenität der Leitung gewahrt bleibt. Mit Rücksicht hierauf ist die Installation einer Hochspannungsschaltanlage so auszuführen, dass der Uebertritt von einer Richtung in eine andere nur allmählich geschieht, also sanfte Uebergänge. Meistens wird hierdurch auch noch an Schönheit und Abstand an gefährdeten Stellen gewonnen.

28. Thesen.

Im Folgenden ist versucht worden, in einer Anzahl Thesen das festzulegen, was als Leitsätze für die Anlage und Beurteilung von Ueberspannungsschutzeinrichtungen in Frage kommen könnte. Bei der Kompliziertheit der Erscheinungen, um die es sich handelt, werden sie nicht immer uneingeschränkte Gültigkeit haben, immerhin aber zur Klarheit beitragen können.

Thesen.

1. Die Gefahr der mit Ueberspannungen einhergehenden elektromagnetischen Ausgleichvorgänge ist dann vollkommen beseitigt, sobald die ganze Ausgleichsenergie in Wärme umgesetzt ist.

2. Je schneller dieser Energieumsatz vor sich geht, desto geringere Gefahr besteht für angeschlossene Wicklungen und Apparate.

3. Die Schnelligkeit des Energieumsatzes wird erhöht durch die Dämpfung (Verlust), welche der Stromkreis bezitzt, in welchem die durch den Ausgleichvorgang ausgelösten Wellen verlaufen.

4. Kabelnetze verhalten sich in Bezug auf Dämpfung der Ausgleichvorgänge weit günstiger als Freileitungsnetze, und können daher mit einem weit geringeren Ueberspannungsschutz auskommen.

5. Die bei elektromagnetischen Ausgleichvorgängen entstehenden Wanderwellen können für die Isolation des Netzes gefährlich werden:

a) Durch die Höhe der mitgeführten Spannungswelle,
b) durch den schroffen Abfall der Wellenstirn und
c) durch ihren Energieinhalt, also durch ihre Länge, bezw. Einwirkungsdauer.

Was das Gefährlichste von diesen drei Fällen ist, steht nicht mit Sicherheit fest.

6. Jeder Schutzvorrichtung gegen Ueberspannungen haften Vor- und Nachteile an; wodurch sie in einem Falle nützt, kann sie in einem anderen schaden, die Anwendung von Schutzvorrichtungen läuft somit fast immer auf einem Kompromiss zwischen den Vor- und Nachteilen hinaus.

7. Der idealste Ueberspannungsschutz wäre die restlose, reflexionsfreie Vernichtung der Wanderwellen-Energie in Widerständen. Er erfordert jedoch im einfachsten Falle Funkenableiter,*) und diese sind erstens wegen ihres Entladeverzuges, zweitens wegen der Unterbrechung des nachfolgenden Betriebsstromes nur als eine ganz grobe, und daher meist unzulängliche Erfüllung des Ideals aufzufassen; so ist diese zwar sehr preiswerte Schutzmethode nur empfehlenswert für grosse Netze bis 20 000 Volt.

8. Ueber 10 000—20 000 Volt können Funkenableiter nur mit relativ grossen Widerständen zur Verwendung kommen. In erster Linie nützen sie hier zur Ableitung statischer Ladungen, müssen aber relativ empfindlich eingestellt werden (eventuell sogenannte elektrostatische Entlader). Wertvoller als Funkenableiter sind bei Spannungen über 20 000 Volt Drosselspulen mit Ueberbrückungswiderständen, Kondensatoren, Vorschaltung von Kabeln vor die Maschinen.

9. Das Ansprechen von Funkenableitern bei Wanderwellen wird erleichtert durch Verwendung von Hilfsfunkenstrecken und von Drosselspulen *ohne* Ueberbrückung. In letzterem Falle wird durch die eintretende Reflexion der Wanderwelle die Spannung am Funkenableiter künstlich in die Höhe gedrückt. Drosselspulen können daher allerdings auch für die Leitung, aus welcher die Wanderwelle kommt, gefährlich werden.

---

*) Nach Veröffentlichung dieser Thesen im Schweizerischen Bulletin besuchte mich Herr Ing. Campos und machte mich auf seine mir bis dahin unbekannte Schrift: „La propagazione e lo smorzamento delle sovratensioni — Nuovi dispositivi di protfezione“ aufmerksam (Mailand 1911). In der Tat finden sich in Abb. 16 der Schrift Schaltungen künstlicher Leitungen vor, die der Bedingung 7 auch ohne Funkenableiter gerecht werden. Meine Schaltung Abb. 32 will ja dasselbe erreichen.

10. Alle im Zuge der Leitung liegenden Drosselspulen schützen bei hinreichender Grösse die „hinter" ihnen liegenden Netzteile 1) durch Abflachung der Wellenstirn durch den Spannungsabfall in der Drosselspule und 2) durch Reflexion eines Teiles der Wanderwellenenergie.

11. Nachteilig können Drosselspulen wirken, wenn die durchgelassene Wanderwelle auf Leitungsteile stösst, deren Kapazität mit der Induktivität der Drosselspule eine Eigenschwingung ergibt, welche übereinstimmt mit dem Takte der auf die Drosselspule anstossenden, etwa durch öftere Reflexion entstehenden Energiestösse von Wanderwellen (Resonanz-Ueberspannung).

12. Durch den Einbau von **nicht überbrückten Drosselspulen** wird der Kurzschlussstrom des Netzes eingeschränkt und damit die magnetische Energie des mit dem Kurzschlusstrom entstehenden magnetischen Feldes. Die Unterbrechung eines Kurzschlusses hat also nach Einbau von nicht überbrückten Drosselspulen eine Ladewelle von geringerer Höhe zur Folge, als wenn die Drosselspule nicht vorhanden gewesen wäre. Den Nachteilen der nicht überbrückten Drosselspulen stehen also auch bedeutende Vorteile gegenüber.

13. Durch geeignete Ueberbrückungswiderstände wird der Schutzwert der Drosselspulen nach vielen Richtungen hin verbessert und erweitert. Beeinträchtigt wird er aber dadurch, dass die übertretende Welle bei Anwesenheit des Widerstandes ihren Spannungssprung *nicht* verloren hat, doch kann dieser immerhin niedriger als bei Abwesenheit von Drosselspule mit Widerstand gehalten werden.

14. Für direkt betätigte Schalter sind Ueberbrückungssicherungen für die Auslösespulen empfehlenswert, da sie insbesondere bei geringen Auslöse-Stromstärken der Spulen neben der Vermeidung des grossen Spannungsabfalles im normalen Betriebe die Ausbreitung von Wanderwellen erleichtern und die Explosionsgefahr für die Schalter selbst vermindern.

15. In Verbindung mit Schutzkondensatoren sollten Drosselspulen nicht verwendet werden, es sei denn, sie sind überbrückt. Bei Anwesenheit von Kondensatoren aber können sie ganz entbehrt werden.

16. Kondensatoren wirken im ersten Momente wie ein reiner Ohmscher Widerstand vom Betrage des Zuleitungs- und Erdungswiderstandes, also bei höheren Netzspannungen praktisch wie ein Kurzschluss. Jede einfallende Welle fällt an der Anschlusstelle der Kondensatoren, wenn keine Widerstände vorgeschaltet sind und gute Erdung besteht, momentan auf Null und steigt erst langsam mit fortschreitender Ladung des Kondensators wieder an.

17. Bei jeder Ladung eines Kondensators mit konstanter Spannung wird ebensoviel Energie in den unvermeidlichen Leitungswiderständen vernichtet, als am Ende der Ladung im Kondensator aufgespeichert ist. Er wirkt auf das Abklingen von Wanderwellen beschleunigend durch die Verdoppelung des Stromes und Vervierfachung des *Cu*-Verlustes in der Zuleitung.

18. Kondensatoren verlangen in erster Linie eine vorzügliche Erdung, wenn sie für atmosphärische Störungen in Frage kommen sollen; sie erzeugen ihrerseits nur Spannungssprünge gleich der einfallenden Welle, sind also der Drosselspule ohne Ueberbrückungswiderstand nach dieser Seite hin überlegen.

19. Ein Nachteil von Kondensatorenbatterien grosser Kapazität besteht darin, dass die Manöverierfähigkeit des Netzes durch sie eine geringere wird, indem bei plötzlichem Einschalten konzentrierter Kapazitäten Ueberspannungen ausgelöst werden können.

20. Es empfiehlt sich daher zur Einschränkung dieser Wirkung, die Kapazitäten der Batterien nicht zu gross zu nehmen und einen Teil der notwendigen Kapazität durch Kabel zu erreichen.

21. Kabel sind als Schutzleitung gegen Ueberspannungen nur empfehlenswert. Der Schutzkondensator soll so nahe wie möglich mit seinen Belegungen an der Anschlusstelle liegen.

22. Ohne Rücksicht auf die Spannung sollten die an Wicklungen anschliessenden Leitungen aus Kabeln bestehen. Die Kapazität soll stets nach der Maschinen-, Transformatoren-, Motorenseite hin zunehmen.

23. Fallen bei Schutzkondensatoren die Zuleitungen sehr lang aus, so empfiehlt es sich, den Anschlusspunkt an die Netzleitungen so zu wählen, dass zwischen ihm und den Maschinenwicklungen ein Stück Kabel eingeschaltet ist.

24. Drosselspulen und Funkenstrecken können in Netzen mit Schutzkondensatoren und Schutzkabeln auf ein Minimum eingeschränkt werden. Funkenstrecken parallel zu Kondensatoren sind in erster Linie zur Ableitung der statischen Ladungen bestimmt und müssen hohe Dämpfungswiderstände haben. Die Drahtleitungen der Ableitungskreise für die Kondensatoren und Funkenableiter sind so viel wie möglich einander zu nähern und eventuell gemeinsam auszubilden.

25. Der Anschluss der Leitungen an die Sammelschienen sollte derart sein, dass den Wanderwellen in erster Linie Gelegenheit geboten wird, sich auf andere Netzleitungen zu verteilen, ohne gleichzeitig auch in die Maschinenleitungen kommen zu können. Man erreicht dies durch Einbau von Drosselspulen in die Sammelschienen und überhaupt durch zweckmässige Disposition der Zentralschaltanlagen, sowie des ganzen Netzes.

26. Bei Hochspannungsanlagen empfiehlt sich die Verwendung von Dreieck-Stern geschalteten Transformatoren, oder die Verlegung von isolierten Nulleitern zwischen den Nullpunkten der Generatoren und Transformatoren.

27. Dem Prinzip des Schutzes durch Versickerung steht der durch „Brandung" gegenüber. Ersterer gleicht den Entwässerungsgraben und Teichen, letzterer den Dammbauten bei Wassergefahren. In elektrischer Hinsicht ist der Brandungsschutz wohl schon wegen der Isolierung nicht rentabel.

28. Schutzdrähte, ebenso wie die Bleimäntel der Kabel, wirken nur dann wirklich nützlich, wenn sie häufig und gut geerdet sind.

29. Unnütz viel Ausgussmasse in Kabelmuffen ist zu vermeiden. Die Ausgussmasse sollte eine hohe Dielektrizitätskonstante haben, damit die Kapazität der Muffe nicht zu klein wird gegenüber derjenigen der Kabel.

30. Niederspannungsnetze werden zweckmässig durch Erdungswiderstände, eventuell mit vorgeschalteten Durchschlagssicherungen, geschützt. In letzterem Falle werden ständige Verluste vermieden. Für Gleichstromnetze sind Aluminiumzellen sehr geeignet.

31. Die Installation der Schaltanlagen soll bei Hochspannung so erfolgen, dass bei Richtungsänderungen überall auf allmähliche Uebergänge gesehen wird.

32. Eines der wirksamsten Schutzmittel gegen Ueberspannungsgefahren ist Solidität in der Isolierung, genügende Sicherheitsfaktoren, in Hochspannungsnetzen keine Sicherungen an Stellen grosser Leitungen, Maschinen mit sinusförmiger Kurvenform, ebenso Motoren mit geringen Zahnfeldpulsationen und guter Ueberstromschutz.

33. Freileitungsnetze erfordern wenigstens bei Gewittergefahr irgendeine Erdung des Netzes, wenn sonst keine Funkenableiter vorhanden sind.

34. Trennschalter sollen in Hochspannungsanlagen immer mehrpolig sein. Die Schliessung der Kontakte in den einzelnen Phasen soll gleichzeitig erfolgen. Für Oelschalter gilt das gleiche.

35. Von der Verwendung von Messtransformatoren sollte bei Spannungen über 20 000 Volt ganz abgesehen werden, die Messung der Spannung nur auf der Unterspannungsseite erfolgen, da man Transformatoren kleiner Leitung kaum gut genug isolieren kann und die grössere Messgenauigkeit meist nur in der Vorstellung besteht.

36. In Hochspannungsanlagen soll man so wenig wie möglich schalten.

FACHSCHRIFTEN-VERLAG & BUCHDRUCKEREI A.-G. ZÜRICH.

GPSR Compliance

The European Union's (EU) General Product Safety Regulation (GPSR) is a set of rules that requires consumer products to be safe and our obligations to ensure this.

If you have any concerns about our products, you can contact us on ProductSafety@springernature.com

In case Publisher is established outside the EU, the EU authorized representative is:

Springer Nature Customer Service Center GmbH
Europaplatz 3
69115 Heidelberg, Germany

Batch number: 10682323

Printed by Printforce, the Netherlands